open

your eyes, stretch your mind

open your eyes, stretch your mind

商業溝通
正向溝通‧職能UP！ 二版

Business Communication

周春芳 —— 著

廖慶榮｜國立臺灣科技大學校長
林仁昭｜勞動部勞動力發展署北基宜花金馬分署分署長

聯合推薦

華泰文化

since 1974

溝通是一種力量！正向的商業溝通，
加速你的職場腳步，
提升你的眼界與高度。

聯合推薦

　　全球化競爭下企業面臨考驗日趨嚴峻，身處這樣的經營環境，企業競爭之所賴，表面上在於具優勢的產品功能及品質，但背後關鍵實在於團隊的人力素質。在國際強勢供應鏈的威脅之下，近來媒體經常報導大廠裁員消息，競爭力要升級，人力素質必先升級！企業需才孔急，他們需要的不是名校高學歷，而是具備溝通力、學習力以及高抗壓性的員工，擁有這些軟實力的員工才是企業創造贏面的堅強後盾。周老師這本《商業溝通》的再版證明溝通力在職場發展的必要性，期待這本著作的再版，引領更多讀者練就正向的「職場心法」，開創職場正能量。

國立臺灣科技大學校長　廖慶榮

　　在與企業交流場合中，企業主透露他們徵才時在「技術能力」跟「態度與溝通」兩選項中，多半時候更看重後者，他們表示，即便沒有很強的技術能力，但有好的態度跟溝通能力，自然可以透過學習提升能力。企業強調「商業溝通」是職場實務必備技能，然而企業主管很難親做這方面的教導。欣見資深職場教練周主任新作《商業溝通》，過去 2 年提供給許多職場人深具參考價值的實務指引，近期即將再版，職場人看重用溝通力加持職場優勢，在技術取向偏高的職場氛圍中，溝通軟實力翻轉受到重視，期盼這樣觀點與趨勢，為就業市場培養更多軟硬兼備的人才，這將是企業與產業之福！

勞動部勞動力發展署北基宜花金馬分署分署長　林仁昭

再版序

　　產業環境變遷、世代交替，職場價值觀顛覆，過往單純的就業環境與工作價值觀，隨著時空轉移，發展成為多元複雜樣貌，與過往大不同。悶經濟世代，企業面臨嚴峻挑戰，為求在競爭舞台勝出，必須費盡心思追求產品與服務的優勢，然其背後最關鍵的支撐力量，實在於團隊的人力素質。許多企業主的觀感，新世代員工學習能力及抗壓性低、工作態度差、不懂職場倫理！104 人力銀行調查顯示，企業主最迫切需要的是員工的「服從性」；很顯然，「性格」與「態度」凌駕在專業、技術與學歷之上，成為企業求才的優先指標。

　　性格與態度絕非一時養成，當然也非一時之間可以扭轉改造！雖則如此，站在產業發展與國家競爭力角度來看，不符期待的「性格」與「態度」亟需找到正向改造力量，這個力量必須從職場實際的運作、不同角色之間的互動與碰撞，尋找解方與密碼。

　　身為 30 年資歷的職場老手，筆者從蛛絲馬跡中抽絲剝繭，解析職場生存與競爭力的關鍵密碼，試圖以「商業溝通」的隱形密碼，協助創造個人價值與競爭力，從「價值」、「溝通」以及「人脈」等面向進行解碼，探索個人在不同角色扮演中，面對迎面而來接續不斷的大小考驗時，如何打造正向的認知與態度，趨吉避凶，形塑受人信任、溝通無礙的職場性格，在複雜多變的工作場域中憑藉正向性格，累積穩健任事的軟實力，建立屬於自己的職場口碑與競爭力。

　　要特別提點的是，筆者論述角度是以視讀者為未來「主管候選人」為前提，從主管觀點，檢視及建立職場實務中適當的溝通心態與話術，建立正向的「職場心法」。各章節中分享的「職場放大鏡」，引導讀者從工作場域實際發生的種種溝通衝突與誤失，進行檢視與省思，避免重

蹈覆轍、降低學習成本。教師可以運用這些個案引導學生分組討論，為未來職場新鮮人打預防針，預想職場可能的溝通衝突，引為借鏡；若是作為在職生的上課教材，則本書所分享的職場放大鏡個案，可引導學員對照工作場域的臨場經驗，發現更多省思空間；「溝通小 Tip」嘗試用簡潔感性的文字，將溝通種子植入讀者內心，期盼發芽茁壯，在讀者職場生涯中內化成為貼心的提醒與幫助！

　　本書初版喜獲讀者回應：55 歲爸爸逐頁翻讀之後，移書給即將踏出校園的兒子，叮囑其進入職場前必讀；42 歲中年待業女士回饋，本書帶領她檢視過往職場對上溝通的種種疏失；25 歲職場新手回應，本書引導他重新發掘自己可創造的價值，找到自己的定位，自信出發……。筆者近日講授商業溝通，下課前最後那秒鐘全場目不轉睛專注聽講的畫面，令筆者感動萬分！大家沉靜下來認識自己、檢視自己、佈局自己，專注與謙卑的神情令人無法不心動！再版付梓前刻，期盼筆者這份深深的感動，轉化為對讀者前進未來的正向力量！

周春芳

2018 年 11 月

總論

前進職場，您的競爭力在哪？優勢在哪？一身專業技術的「硬實力」足以應付數十年的職場發展？知名成功企業家南僑集團董事長陳飛龍接受媒體專訪，提出企業晉用人才考量四種能力：語言、專業、溝通、跨領域學習。四種能力中，「專業」及「語言」能力應該可以一起歸納認定為「硬實力」，比較可以用具體的數據、證據等來證明能力，而「溝通」及「跨領域學習」能力則相對較難具體認定，應該較屬「軟實力」。很顯然，在一個閱人、用人無數，帶領集團企業衝破一波又一波考驗，一次次成功拓展事業版圖的大企業家眼中，企業需要的人才必須兼備「軟硬實力」。但絕大多數職場人只重視硬實力的追求，忽視軟實力的關鍵影響力，尤其是剛踏進職場的新鮮人，對於「溝通」的軟實力極為輕忽漠視，以致於在隨後的職涯步履中跌撞閃失，倍感挫折！

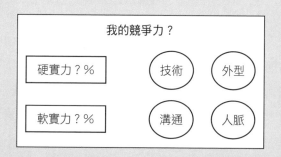

前台積電董事長張忠謀曾說：「你們看到現在的我，99%都是學校畢業後學習的！」誠然，這樣一位超高等級的全球知名高科技大廠領導人都展現如此謙虛的態度，並且強調職場學習的必要性；產業公會領袖也強調溝通能力的重要性：「溝通能力是職場新鮮人最基本的能力之一，也是伴隨一生職涯發展的關鍵能力之一。」在成功企業家眼中，職

場是一個大型的學習場域，技術、專業要與時俱進、不斷學習精進，「商業溝通」則是另一門必修學分，但這門學分因為較缺乏嚴謹具體的理論基礎、範疇與學習綱領，同時也要因應個人性格與際遇之不同，不斷自省、琢磨領略，建構屬於自己的商業溝通正能量與軟實力。這樣的學習軌跡固然辛苦，卻在一步一腳印中將您推向「人生勝利組」！

　　根據國際知名研究機構進行職場行為調查統計結果，每人平均在上班時間要花費41%的時間說服他人，包括上司、同事、部屬、顧客。而「說服」其實就是「溝通」順利的結果。職場人花費了大部分時間在與人「溝通」上，如何建立有效率、有說服力的溝通能力，顯然是所有職場人從踏入工作場域的那一刻，就必須積極正視的課題！本書嘗試從「商業溝通」角度，探討個人如何「從溝通角度建造職場人完整的競爭籌碼」，以「溝通力」創造個人職場價值與優勢，協助個人在職場不同角色扮演中，培養受人信任、溝通無礙的職場性格，建立屬於自己的職場口碑與競爭力。

　　本書探討「商業溝通」議題，與一般溝通書籍在定位上不同，本書不介紹基本的溝通理論，也不探討一般性的溝通技巧。本書以「從溝通角度建造職場人完整的競爭籌碼」為前提，探討「價值」、「溝通」及「人脈」等三大關鍵要素，如何創造職場競爭籌碼，從實務面深入探討三項重要議題：

1. 職場人如何創造個人價值。
2. 身處部屬、服務顧客與同儕等不同角色，所面對的實戰溝通挑戰與因應策略。
3. 職場人如何累積人脈資產。

　　本書集結「價值」、「溝通」及「人脈」三大元素所建造之職場「溝通心法」，著重在職場人深度溝通力的實戰操練，不容否認，無論

職場經歷深淺，每個人在溝通、行事上，都有盲點與慣性，本書集結的「職場放大鏡」，從溝通角度深入細節，分析工作場域尋常發生、具代表性的溝通事件，有成功溝通的正面故事，也有不少溝通失誤的負面個案，無論正、負面教材，都是活生生的職場寫照、經驗與教訓，期盼這些故事能貼近讀者經驗與心境，觸動內心的省思；「溝通小 Tip」則試圖營造感性的心靈對話，以深入淺出的文字，引領職場人將溝通力內化為深層的工作動力。

面對數十年的職場生涯，每個人必定依靠正向的職場性格開發正面能量、創造競爭力，但極有可能，同時也具備負向性格，所造成的負面能量攔阻職場的正面發展，這些負向性格正是職場發展的性格盲點或罩門，「商業溝通」就是那一把打開職場罩門的金鑰，期盼藉由商業溝通的金鑰幫助職場人打開那一個個攔阻職場發展的性格罩門！

本書希望能提供身處多元、多變且多挑戰的職場人，一套可以禁得起考驗的軟性「職場求生術」，期盼積極向上的職場人善加運用，創造加值。

溝通是所有人與人之間互動與建立關係的基礎。商業溝通是職場成功的黃金武器，優質的溝通能力是職場人邁向成功舞台的關鍵動力，相對的，缺少這個武器，在職場中即便默默努力，依然很可能多方挫敗、崎嶇坎坷！有能力、肯努力，再加上優質的商業溝通能力，將如虎添翼，可以馳騁職場，無往不利！商業溝通並非與生俱有的能力，許多職場人征戰多年，長期的學習、自省與成長，淬鍊出愈來愈成熟的溝通技巧，讓自己漸入佳境，終能品嚐成功甜果。

根據本書的定位，以「從溝通角度建造職場人完整的競爭籌碼」為前提，以「價值」、「溝通」及「人脈」等三大關鍵要素作為打造個人職場競爭籌碼的策略。每個要素所涵蓋的溝通議題如下：

1. 價值：職場性格、專業形象、自我行銷、自我改造。
2. 溝通：對上溝通、顧客溝通、團隊溝通、跨文化溝通。
3. 人脈：職場人脈之經營。

各項溝通議題將於本書各章節介紹。

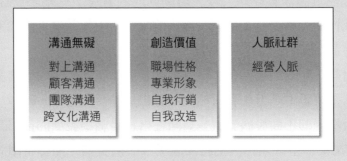

◎ 圖 1　商業溝通範疇

從個人發展角度來看，「溝通」、「價值」及「人脈」等三大構面所涉及的溝通面向，可區分為「內在溝通」及「外部溝通」。

1. 內在溝通：指個人與自我的溝通

個人必須透過與自我持續不間斷的溝通，進行自我檢視與鞭策，發展自己的強項，改善弱點，自我改造與自我行銷同時並進，創造自我獨特性，在職場展現價值。

2. 外部溝通：指個人與職場相關人士的溝通

個人與職場相關人士的溝通範圍相當廣，包括：
(1) 個人與主管及同儕之溝通。
(2) 個人與顧客及其他外部顧客（人脈）之溝通。

內在溝通與外部溝通必須同時並進，一方面要善加經營對外溝通，一方面要藉由自我檢視與鞭策，創造自己的價值。由於已經建構好優質的外部溝通運作模式，所有內在溝通所建構出的價值，可以獲得主管、同儕及外部顧客之認同與支持。如此，內外部溝通機制互相搭配，共同效力，才能建造優質溝通力，有效率的拓展職場發展機會！

表 1　商業溝通範疇

面向	主題	內涵
內在溝通	個人與自我的溝通	1. 自我檢視 2. 自我鞭策 3. 發展強項、改善弱點 4. 自我改造 5. 自我行銷 6. 創造自我價值
外部溝通	個人與職場相關人士的溝通	1. 個人與主管之溝通 2. 個人與同儕之溝通 3. 個人與顧客之溝通 4. 個人與其他外部顧客（人脈）之溝通

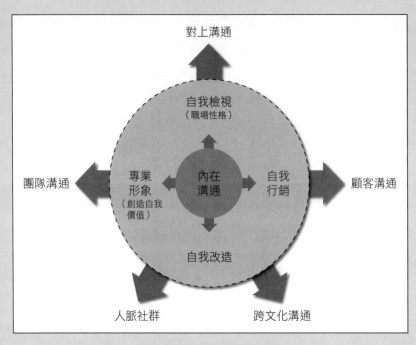

◎圖2　商業溝通範疇

目錄

Part II 溝通無礙

Appendix **2** 逆境商數 (AQ)/ 221

參考文獻 / 223

Part I

創造價值

　　職場經常可以聽到這樣一句話:「沒有人是不能取代的!」這個極為普通的句子,其所挾帶的焦慮與不安,卻時時緊扣職場人的心,提醒著潛在的危機!然而,從正面思考角度來看,這個危機感正是督促職場人兢兢業業、不斷追求成長的最大動力!仔細解讀這句話的意涵,其正解應該是提醒職場人「要在被取代之前展現出自己的價值」,毫無疑問,沒有價值的人必然被取代;有價值的人若是無法繼續創造新價值,終究也有被取代的時候。職場生存之道,最主要的籌碼在於「創造自己的價值」,若是能夠不斷創造出屬於自己、別人無法取代的價值,自然可以在職場屹立不搖,甚至步步高升。要達到這樣的境界,必須從正向的職場性格、專業形象的營造,以及自我行銷、自我改造等面向,不斷的自我檢視、督促與成長。

❖ Chapter 1　職場性格
❖ Chapter 2　專業形象
❖ Chapter 3　自我行銷
❖ Chapter 4　自我改造

1 職場性格

職場性格指的是一個人在工作場域所展現的個人行事風格與氣質。職場性格決定個人在職場的表現，影響上司對你的看法與評價，左右職場發展。雖說因個人所處職場環境不同，所從事工作性質可能是業務型、操作型，或是研發型，行事風格必須針對工作場所性質、組織文化、業務內容有所調整，但在追求職場得勝的目標之下，綜觀各類型職場性格仍可大致分出優劣，至少可以約略以二分法區分「正向性格」及「負向性格」，正向性格意謂該類型性格在大多數職場可以獲得較高評價與較高的發展潛力，可以創造職場「正面能量」，反之，負向性格則形成「負面能量」。每個人的職場性格必然落點於正、負向性格之間，愈多的職場性格趨近正值自然創造愈多正面能量，若是不幸擁有許多趨近負值的職場性格，在職場必然多方受阻、窒礙難行！了解自己的職場性格，對症下藥進行適當調整，由負轉正，將有助於爭取更好的職場際遇，讓自己更加享受工作。

本書從「外顯氣質」、「表達能力」、「積極度」以及「與主管互動」等四個面向剖析職場性格，並分別羅列正向與負向性格之各種類型呈現樣態，職場人可以逐一檢視，了解自己在哪一個面向具備正向性格，哪一個面向落入負向性格，找到自己可能受影響，或是已經影響職場發展的負向性格，這極有可能正是您職場發展的性格盲點或罩門，而商業溝通就是那一把職場罩門的金鑰，幫助您打開那一個個阻礙職場發展的性格罩門！

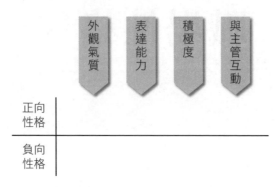

◎ 圖 1-1 職場性格之面向

📊 表 1-1 職場性格之類型

	外顯氣質	表達能力	積極度	與主管互動
正向	笑臉迎人	能言善道	積極進取	體察上意
	細心周到	靈活圓融	謙虛穩健	親近主管
	善解人意	精明幹練	熱情活力	勤於回報
負向	招牌撲克	言詞笨拙	自我設限	我行我素
	粗枝大葉	呆板冷硬	傲慢冷酷	閃躲主管
	白目鐵齒	遲鈍平庸	冷淡無力	逃避回報

一　外顯氣質

外顯氣質有相當大比例取決於外在容貌，以及從求學階段到進入職場後逐步養成的性格與氣質，從職場角度來看，有三個重要特質對業務的執行影響頗大，也會塑造自我形象。

（一）笑臉迎人 vs. 招牌撲克

大致上來說，笑臉迎人無庸置疑是職場上公認受歡迎的性格，大家都理解一張真誠的笑臉令人愉悅、樂於交往與相處。然而，很難理解的是，我們確實還是經常在職場上見識到一張張苦瓜臉、撲克臉！有些

職場人或許渾然不自知的擺出一張招牌撲克臉，也許是工作壓力、人際壓力，也或許是個人家庭的壓力，壓制著讓自己著實無法展露歡顏。但是，無論背後隱藏多少委屈與苦處，試著展現一張清新的笑臉絕對能為工作加分。撲克臉阻隔好關係的建立，甚至妨礙一個好交易的完成。讀者只要回想當你在擁擠的小吃街沿路覓食的過程，面對一攤又一攤不同表情的小吃攤老闆，到底是哪張臉會吸引你停下腳步，掏荷包向他買份點心呢？是親切的笑臉容易招攬客人？還是疲憊的倦容可以激起顧客的購買慾望？服務台服務人員的必備條件就是笑臉迎客，讀者必然經歷過到某單位洽辦業務時，面對表情冷漠、擺臭臉的服務人員，或是笑臉迎人、親切接待的服務人員，當下的感受以及對該機構的觀感評價自然很不同。

 職場放大鏡 　服務，撲克臉行得通？

◆ 案例說明

　　一個以業務推廣為性質的獨立營運單位，經常會有洽詢業務的顧客以及主管的重要訪客進出辦公室，單位因為空間及人力編制之限制，並未設置專屬的服務台及接待人員，於是，主管認為必須安排一位同仁坐在最接近門口的座位，除了執行其原先負責的行政工作之外，特別賦予招呼、接待顧客及訪客的任務。

◆ 案例情境

1. 主管挑選了一位辦公室中唯一沒有意願做業務的員工扮演這樣的角色，既然不願意做業務，主管基於工作量均衡原則，分派其分攤行政及服務性工作，主管特別叮嚀她必須留意招呼重要顧客及訪客。

2. 這樣的人力安排經過 2 週之後，主管先後從洽詢業務的顧客以及重要訪客口中聽到對接待同仁之評價：「不笑的臉及冷漠的表情，讓進來詢問

（續下頁）

業務的顧客怕怕的！」、「不親切，不會主動招呼客人，進辦公室時不理不睬！」、「詢問她時，回答的語氣缺乏熱忱！」

3. 主管聽到這樣的評價後，當下立即判斷該員不適合扮演接待角色，心中開始搜尋另一張適合的面孔……。

4. 事後主管也約談這位員工，了解到她不願意推業務的原因，在於她不習慣跟人直接接觸，跟人互動時很不自在！主管心裡評價：這位員工因為個性上不樂於也不善於與人互動，所以在工作場域呈現的是一張冷漠、缺乏熱忱、讓人不敢親近的撲克臉！

◆ 案例分析

1. 因為負責接待任務而展露的撲克臉風格，讓主管對她的工作評價再次下修，個人在職務上的剩餘價值降到最低！

2. 面對新業務有困難時，應主動謹慎評估，認定自己無法調整時，即早設法轉換跑道。

3. 撲克臉展現出不善與人互動的職場性格，必須重新思考自己是否適合在業務型單位任職？①若是執意（或者是沒有其他選擇）要留在原單位任職，顯然必須要痛下決心改造自己，翻轉自己的職場性格！②若經謹慎評估，認定自己無法調整時，應即早轉換跑道。

溝通小 Tip

　　笑臉或撲克臭臉直接反映職場性格，檢視自己屬於哪一張臉，適合哪樣的工作場域。無疑的，真誠親切的笑臉絕對是最沒有職場障礙的一張臉。

（二）細心周到 vs. 粗枝大葉

　　一般而言，大部分的工作縱使無須要求細心周到，但粗枝大葉的行事風格恐怕也很難得到認同與正面的評價。細心周到意味著用心與體

貼，大部分的人會讚賞這樣的特質，並且享受跟這樣特質的人相處或共事。尤其針對某些類型職務，例如：知識型工作者以及業務執行過程經常要招呼、接待以及服務貴賓、長官以及重要顧客的業務而言，細心周到的特質絕對可以幫自己在工作表現上大大加分，並且也很有可能會因著這項特質的展現，幫自己無意中爭取到好機會。粗枝大葉性格的人則可能一時不經心而得罪重要人物，或是錯失好機會！

1. 細心周到呈現之行事風格

(1) 處理業務顧慮周詳，服務顧客時注意細節。

(2) 在工作場域人際互動溫和細心，會關照到相關人員的觀感與需求，並盡量迎合。

(3) 提供服務時能在細節處展現體貼，讓被服務者有貼心的感覺。

2. 粗枝大葉呈現之行事風格

(1) 處理業務時思慮欠周，急躁的態度以致經常遺漏重要事項。

(2) 對自覺不重要的業務漫不經心，展現很不在意的態度。

(3) 與人互動粗率，缺乏細緻的一面。

（三）善解人意 vs. 白目鐵齒

善解人意在職場上展現的功力又較細心周到略勝一籌，善解人意的人通常除了細心周到之外，還展現其他更精緻的特質，例如：高敏感度與理解能力，有時更融合高度彈性與應變力。這些特質通常要經歷長時間的人生閱歷或職場應對，逐漸累積培養出來。一個善解人意的人會讓人印象深刻；反之，白目鐵齒的人在職場也總會出現，這類型的人通常自我中心，難以從對方角度體會對方立場、理解對方話中含意以及期望，在人際互動中經常讓對方感覺很不善解人意。有些事情不適合說清楚講明白，白目的人似乎硬逼著對方要把事情說得很清楚，不但場面弄得很僵，也容易激怒對方！此外，有些白目的人與人互動時會讓人家感

覺反應遲鈍，在溝通互動過程經常意會、反應不過來。鐵齒的人則是代表固執不通、硬頸、堅持己見，當其主張不被認同或理解時，不懂得適度妥協，是相當難溝通的對象，若是「白目」加上「鐵齒」集於一身，可以想見是多麼讓人不願意跟他溝通、互動，這種性格是職場相當負向的性格，多數人會盡量迴避跟這樣的人溝通及共事，在一個單位內通常被列為「問題人物」，也是主管眼中的頭痛人物！

1. 善解人意呈現之行事風格

(1) 展現高敏感度與理解能力，以及彈性與應變能力，對主管能體察上意，並且展現貼心細緻的特質；對於同事及顧客善於傾聽及正面回應。

(2) 懂得因應對方的情緒與感受做出適當的回應，例如：觀察到主管風格屬於喜歡與部屬有互動、願意分享時，遇到主管有得意事情時會主動恭賀，主管情緒低落時會主動傾聽及分擔。

(3) 在實際執行業務時，善解人意的部屬很能夠掌握主管對於某項業務的重視與在乎程度，也能夠在一段時間的互動後，了解主管喜歡部屬跟他怎樣的互動模式，或是有哪些禁忌。在職場上經常發生的狀況是，主管一再詢問、督促某項業務的進度，善解人意的部屬很快就給予主管回應，即使該項業務的進度受阻；反之，不善解人意的部屬常常因為進度不理想或「卡」在某個地方，而不給主管回應，造成主管一再跟催、詢問，到後來主管必然對這樣的部屬無法信任！

(4) 在高難度的顧客溝通中，善解人意的人能夠展現其高敏感度，從顧客的抱怨中理解衝突的關鍵點，掌握顧客情緒的變化，能夠在溝通過程展現高度智慧，逆轉情境，軟化顧客的心，化解僵局。

2. 白目鐵齒呈現之行事風格

(1) 自我中心，難以從對方角度體會對方立場，理解對方話中含意以及期望。

(2) 白目的人與人互動經常讓人感覺反應遲鈍、會意及反應不過來；鐵齒的人則是硬頸、固執不通、堅持己見，當其主張不被認同或理解時，不懂得協商與適度妥協。

二 表達能力

表達能力是職場重要競爭力，高明的表達技巧不僅可以令人印象深刻，同時也具備較高說服力，可以展現強項與優勢，爭取更多機會。

（一）能言善道 vs. 言詞笨拙

職場上總是可以看到能言善道的人，同時也不乏言詞笨拙的人。能言善道的人跟主管溝通時總是可以將相關業務做清楚完整的交代，展現分析、組織能力，以及高說服力，博得主管信任與支持，令主管留下深刻印象，成為主管有業務困擾或重要決策時商量的對象。業務員的滔滔不絕不盡然稱得上能言善道，能言善道的前提在於適當的時機、場合與對象，說適當的話，並且能夠說出正確、流暢，有內容，能讓對方認同、激賞的話。反之，言詞笨拙的人即便有滿腹學問及高見，由於表達能力的限制，溝通效果總是大打折扣！言詞笨拙的人不善言詞、反應遲鈍，讓主管及同事不喜歡與之溝通互動，面對顧客當然更無法展現優質的服務，若是遇到奧客更有可能因為溝通的障礙衍生爭執或衝突。

1. 能言善道呈現之行事風格

(1) 選擇適當的時機、場合與對象，說適當的話，並且能夠說出正確、流暢，有內容，能讓對方認同、激賞的話。

(2) 可以將業務做清楚完整的報告，展現分析、組織能力，以及高說服力，博得信任與支持。

(3) 服務過程遇到顧客抱怨時，能妥善應對解除紛爭，博得顧客好感。

(4) 表達方式與內容讓主管印象深刻，願意將之納入業務討論或做決策時的商談人選。

2. 言詞笨拙呈現之行事風格

(1) 業務溝通過程無法明確表達業務狀態及處理方案，容易誤導別人的認知。

(2) 職場上與人溝通詞不達意、反應遲鈍，經常考驗著講求速度的顧客以及主管、同事的耐性！

（二）靈活圓融 vs. 呆板冷硬

靈活圓融是許多職場人缺乏的特質，也是很多職場人出局的主要關鍵因素！「靈活圓融」經常被解讀為逢迎諂媚，被以「正派」自居的職場人視為不屑，這種誤解經常導致職場發展受阻，甚至出局！相反的，很多職場人在經歷多年歷練與見識之後，才打開性格罩門，用正面態度看待「靈活圓融」，並且認知到這項性格在職場發展的必要性與關鍵性。

靈活圓融的人總是能夠在處理業務及人際互動中展現出反應快速及處事周延，並且經常能關照到相關面向及人員感受。懂得在遇到僵局或必須取捨的處境中，權衡得失，做出最有利的決策，並且採取積極行動力。業務執行很難一帆風順，突發及意外狀況難免，承辦人員的應變能力是業務能否順利完成之關鍵。遇到狀況有人善於運用周邊資源靈活應變、圓融處理；有人則呆板不通、冷硬處理，總是無法打破僵局、突破困境，更有甚者處處得罪人。不同的處理風格，關係到能否順利達成業務目標，以及單位與個人所展現的執行力，靈活圓融的性格總是可以解除危機、化解衝突，展現高度執行力。

1. 靈活圓融呈現之行事風格

(1) 遇到僵局或必須取捨的處境中，能夠權衡得失，做出最有利的決策，並且採取積極行動力。

(2) 善於運用周邊資源靈活應變，打破僵局、突破困境。

(3) 周延、圓融處理人際關係，總是能關照到相關單位或人員的需求與感受，博得認同與好感。

2. 呆板冷硬呈現之行事風格

(1) 平時一板一眼，遵循制式的規定，不懂得迎合及適度妥協、退讓，遇突發狀況時不知尋求奧援，是很不容易協商的對象。

(2) 面對業務突發狀況總是呆板不通、冷硬處理，無法打破僵局、突破困境，更嚴重的在處理業務過程經常得罪其他部門或相關人員，讓別人很不樂意與其共事及互動。

（三）精明幹練 vs. 遲鈍平庸

　　主管看待部屬，可以用二分法以「能力」將部屬分為「人才」與「庸才」。主管眼中的「人才」通常精明能幹，在業務上經常展露才華，這類型部屬通常具備高度邏輯能力、組織整合能力以及分析判斷力，最重要的是，對於業務重要性及優先順位掌握度非常高，當然，其在應變、危機處理能力也絕對是無可挑剔，這種人才可以為組織創造高度價值，是重要支柱，假如這種人才又具備高度忠誠度，則絕對是主管的最愛，在職涯發展上通常也能步步高升；反之，主管若遇到遲鈍平庸的「庸才」通常會大傷腦筋，這類型員工資質駑鈍，胸無大志，只能聽從指示，說一動做一動，幾乎無法獨立作業，困難度高的業務無法承接，到最後通常僅能處理簡單的行政庶務，而且極有可能即使簡單庶務工作依然頻頻出錯，受到糾正指導之後還是經常重犯同樣誤失。

1. 精明幹練呈現之行事風格

(1) 處理業務時具備高度邏輯能力、組織整合能力、分析判斷力，獨立作業能力強，且應變、危機處理能力也相當高。

(2) 能精確掌握業務的重要性及優先順位，也非常清楚執行業務的重點。

(3) 善於運用資源、掌握事情輕重緩急，總是可以把業務做妥善處理，可以為組織創造高度價值，是重要支柱。

2. 遲鈍平庸呈現之行事風格

(1) 資質駑鈍，胸無大志，只能聽從指示，說一動做一動，反應遲鈍，效率低，幾乎無法獨立作業。

(2) 無法承接複雜度高的業務，通常僅能處理簡單的行政庶務，而且極有可能即使簡單庶務工作依然頻頻出錯，被糾正指導之後還是經常重犯同樣誤失。

三　積極度

　　講求績效的主管必定重視員工的積極度，有好的學識背景及資質，若積極度低，凡事都要主管明確指示交辦及跟催，久而久之必定不可能受到主管重用。積極度展現出個人對工作的企圖心及拼搏精神，積極拓展業務的主管必然偏好積極度高的部屬。

（一）積極進取 vs. 自我設限

　　主管交辦一件業務，積極進取的人會立即行動，了解交辦業務之內容、相關問題、蒐集資料，馬不停蹄的著手辦理，遇到困難時主動尋求解決方案或奧援。更有甚者，會主動提供超乎交辦業務範圍之相關資訊、蒐集相關營運情資給主管參考；反之，自我設限的員工則通常對交辦業務冷處理，主管下一個指令做一個動作，整個業務辦理過程主管必須不斷跟催，辦理過程員工則因為自我設限，頻頻抱怨資源不足、資訊不足等困難，執行能力薄弱。很多業務的執行成功與否，關鍵在於執行者的心態，自我設限者往往困難重重，積極進取者總是能運用資源，達成不可能的任務，主管從業務交辦及執行狀況就可以給每位員工下評價。

1. 積極進取展現之行事風格

(1) 總是展現積極任事的態度,並實際付諸行動,能超越主管期待,主動朝向主管要求的目標,盡其所能。

(2) 工作上遇到困難或挑戰時,能積極尋求解決方案,平時會未雨綢繆,主動汲取工作可能需要之知識、技能,或是累積人脈、連結資源。

(3) 不斷自我要求,持續學習,追求卓越。

2. 自我設限展現之行事風格

(1) 總是把自己的思維限制在特定框架,無法從多元角度進行整體情勢分析,執行業務時很容易受限自己的思維模式,而未能掌握總體情勢及資源,在執行上有所侷限或偏頗,業務頻頻受阻。

(2) 心態保守懦弱,不懂得運用資源來突破困境,總是為自己的退縮找理由及藉口。

(3) 受限於保守態度,自我要求及期許相對保守,很容易自我滿足。

 職場放大鏡 　**負責的態度**

　　在任何產業、任何一個職場,主管必定期待員工表現「負責」的工作態度,然而,在很多情況,「負責」的態度並不容易界定與認定。當然,努力達成主管交代的任務(尤其是明確交代的任務)絕對稱得上是負責的態度,但是,更多的情況是,有些任務恐怕主管會特別交派,但是內心裡卻認定、期許員工主動達陣,在這個當口總是發生雙方認知不同,導致主管認為員工不負責任,員工卻感到無辜受責,讓我們從下面個案來檢視職場裡經常發生的這類溝通問題。

(續下頁)

◆ 案例情境

　　A 部門主管交派葉文處理一個政府委託計畫的承接作業，但該案子在簽約委託之前必須徵得另外一個支援部門 B 部門的同意協助，考量到案子的急迫性與重要性，主管親自赴 B 部門協商，取得 B 部門主管的同意，並協議由 A 部門擬一個簽呈，會簽 B 部門，並得到上級核可後，接下來才能辦理委託案簽約作業。主管考量時效性以及擬簽報事件的複雜性，親自將簽呈文稿擬好後傳給承辦同仁葉文處理公文文書作業。主管並當面跟葉文說明事情緣由以及整個業務辦理流程，當然也提醒葉文要特別注意時間，簽呈批核後要即刻追蹤辦理。

　　經過 2 週後，主管察覺該業務並無動靜，但內心估算簽呈流程應該已經超過正常作業時間，於是主動詢問葉文，沒料到葉文回報，簽呈已核准，由她保管著，主管要葉文將簽核公文拿給他看，主管看到簽核時間是在 1 週前，當下相當不悅，一方面責備葉文為何沒將批核公文拿給主管看，心裡真正在乎的是葉文居然沒有主動辦理後續業務，表現出來的是把批核的公文擱著就沒事的態度！

◆ 案例分析

1. 葉文的處理態度反應出許多主管對部屬的不滿，主管認為部屬「責任心」及「積極性」不足，不懂得主動追蹤、辦理屬於其「責任區」應辦理的業務！

2. 這個個案中，主管主動處理跨部門的協商，並且已當面跟葉文提醒業務的時間性與重要性，也清楚的交代簽呈批核後「必須立即辦理」，但是葉文似乎完全沒有放在心上，這樣的表現讓主管覺得葉文不用心、不負責任。

3. 從另一個角度來看，葉文在工作上「敏感度」也顯不足，這個事件主管所展現出來的作為，包括跨部門協調、親擬簽呈文稿以及當面指示辦理流程等等，一再表現出對該業務的重視度，承辦人員應該要有足夠的敏感度，把這樣的個案視為優先處理的業務，如果有這樣的警覺性與態度，必然會用更主動積極的態度來辦理，在簽呈批核之時即應主動跟主管回報，並立即處理後續作業。即使不跟主管回報，也應立即處理後續

作業。因此，若能增加跟主管回報這樣的作為，會讓主管充分掌握這項重要業務，並且也能建立對承辦人員的信任感。

4. 從送出簽呈、批核到後續的作業，對葉文來說應當視為連續動作，是屬於葉文應該一氣呵成、連續辦理的業務，然而，葉文在中間批核後停滯不動的處理態度，讓主管對葉文的「責任感」與「信任感」大打折扣，想要重拾主管的信任感，葉文必須以積極的態度辦理後續作業，並且適時主動跟主管回報，讓主管掌握業務狀況。

5. 當然，這樣的後續積極作為可以補救葉文之前被打折扣的「責任感」與「信任感」，未來若想要鞏固與主管的信任關係，必須謹記這次的經驗與教訓，日後以更積極負責的態度來應對。

（二）謙虛穩健 vs. 傲慢冷酷

　　觀察職場內成功人士，許多成功企業老闆或高階主管展現謙虛穩健的風格。反之，時下許多職場新鮮人以及新世代年輕族群，則經常在工作場合或服務顧客過程展現自大傲慢、冷漠耍酷的態度，顧客感受不到貼心的服務，受到主管指責或糾正時表現出不以為然的態度，這些負向性格是阻礙職場成長的絆腳石，有謙虛的心才能進取、不斷追求成長。傲慢封閉自己求進步的心，也很容易為自己自職場樹敵，妨礙人脈的經營。

1. 謙虛穩健展現之行事風格

(1) 凡事謙卑自持，尊重主管及前輩之建議或經驗，即使前輩的經驗已不符當時需要，仍以謙虛態度回應，並誠懇謹慎的將前輩提供資訊或經驗留作參考。

(2) 工作表現受到讚美肯定時不會自得自滿，仍秉持持續學習成長的態度，精益求精。

(3) 不斷向標竿及競爭對手學習，汲取別人優點，不放棄任何一個可以進步的機會。

(4) 執行業務謹慎周延，不急切躁進，規劃及做決策時，認真考量每一個相關環節，設想可能遭遇的問題，並事先籌謀因應方案，執行過程遇突發狀況能從容應變，一一克服困難。

具潛力的職場人可以在得意之時仍然展現謙虛穩建的態度，沒有被工作上得到的掌聲、讚美及優良考績沖昏了頭，受肯定之餘仍能秉持謙虛學習、穩健辦事的精神，久而久之成為個人特定的職場性格，建立自己的職場口碑與風格品牌。

2. 傲慢冷酷展現之行事風格

(1) 無論工作表現優劣，在應對進退及溝通過程經常展現驕傲自大的態度與口氣。

(2) 工作上與人有爭執時，總是展現得理不饒人的態勢。

(3) 工作場合喜歡耍酷與賣弄瀟灑，自以為是的標榜與眾不同的自我風格。

(4) 服務顧客態度高調，沒耐心體貼顧客、傾聽顧客聲音，服務不貼心。

（三）熱情活力 vs. 冷淡無力

職場如戰場！有成就，也會挫折，在成就、榮耀與挫折、失敗的交互衝擊下，有人依舊展現熱情活力，有人則被職場應對或挫敗打擊，心力交瘁，即使仍在職場生存，卻以冷淡無力的態度面對工作！然而，無論個人的遭遇與心境如何，不爭的事實是，總是要面對對工作有要求的主管，以及對服務有期待的顧客。有人歷經職場大風暴仍能東山再起、愈挫愈勇，有人即使小小挫敗也備受打擊、耐壓性低，累積幾年的挫敗就演變成徹底無力，用極端冷淡的態度看待工作！兩相對照，哪種風格會受到主管及顧客的青睞呢？

🌀 圖 1-2　你的職場風格像木頭？冰塊？火把？

1. 熱情活力展現之行事風格

(1) 即使工作上不斷遭遇困難，仍然展現工作的活力與積極性。

(2) 積極克服困難，追求突破，針對自己工作上不足的知識或技能，也會主動進修成長。

(3) 對顧客展現服務熱忱，對主管展現工作投入與熱忱。

2. 冷淡無力展現之行事風格

(1) 工作上經常抱怨，與顧客或主管、同事互動，態度冷淡。

(2) 執行業務缺乏熱忱，多半時候呈現無力感。

(3) 給人冷淡感，讓人不喜歡親近，避免與之互動。

 職場放大鏡　服務台只是接電話的機器？

　　每家企業或機構應該都有「服務台」這樣的職務，有些服務台只負責總機的任務，有些則除了接聽電話，還兼負接待工作，「服務台」是單位的「門面」，是企業或機構與外部顧客接觸的第一道防線，扮演相當重要的角色。然而，這個角色的影響力卻經常被輕忽，包括企業主以及服務人員本身。在我們實際的接觸經驗中，很多單位（尤其是中小企業）的服務台人員並沒有提供好的顧客接觸經驗；但是，另一方面，職場也不乏服務

（續下頁）

台人員深獲顧客及主管的信任與賞識，麻雀變鳳凰，從不起眼的角色獲得很好的晉升機會。

◆ 案例情境

子寧是某醫美公司的服務台小姐，工作以接聽電話、安排預約服務時間為主，此外也負責顧客的第一道接待工作，在 1,000 多名顧客的服務中每天總得接聽上百通電話，顧客族群以中高階客群為主。日復一日的接聽工作並沒有減少子寧的服務熱忱，反而是讓子寧努力記憶顧客的聲音，不斷操練的結果，子寧很快的可以辨識某些顧客的聲音，當再次接聽到顧客聲音時便很自然的主動跟顧客打招呼寒暄，久而久之自然跟某些常客熟識了。然而，2 年後，子寧有機會轉職晉升，某天，在新公司巧遇之前擔任服務台工作時認識的常客，是某大型連鎖企業老闆李總，李總看到子寧忍不住在眾人面前讚許一番，並且大聲說出：「你們那家公司怎麼不多訓練幾個像你這樣的人才？」

◆ 案例分析

1. 服務台人員只是一個接聽電話的機器嗎？簡單的接聽、回答問題或轉接電話就完成服務台任務？子寧的故事透露在擔任服務台接聽工作的同事，在顧客的觀感中，恐怕除了子寧之外，其他人都如同機器人般，以呆板、無溫度的聲音語調服務顧客，雖然也許沒有出差錯，沒有得罪顧客，但對於個人職涯發展而言，平白錯失了表現的機會，更何況服務的是中高階顧客，其中也許暗藏很多伯樂！

2. 從子寧的個案我們可以看到成功服務台人員的縮影，一個用心的服務台人員絕對不會自我設限，他們會將工作及服務熱忱透過電話線傳遞給顧客，讓顧客從誠懇、熱忱的聲音與應對，感受到友善態度以及服務的熱情，為公司博得顧客的第一聲「讚」！子寧除了展現正向的應對之外，也試著跟顧客建立關係、做朋友，建立職場人脈，這些人脈都將成為個人未來職涯發展的重要助力。

3. 對員工來說，服務型工作的性質其實是讓自己的表現攤在顧客面前，即使沒有面對面接觸，透過聲音語調也是一種直接接觸，自己的態度與服

務品質一覽無遺，身為服務工作者不得不慎！表現的優劣可招致負評，也可以是處處機會！

4. 對公司來說，從李總的話中不難推敲，子寧離開服務台崗位後，接替她工作的人顯然並沒有給予子寧所提供的服務品質，對公司來說，顧客評價已經下修，但很多企業除非是服務台人員應對上出了大差錯，顧客氣急敗壞的向公司投訴，否則大多數企業主不會注意到品質下降的問題，但這樣的轉變其實無形中損及公司形象，對於以服務中高階顧客，或金字塔頂端客群為主的企業而言，尤其應該將服務台人員的商業溝通能力，視為企業行銷力的一項要素。

四　與主管互動

　　與主管建立好的關係是職場人最重要的課題，關係的好壞必然對工作的表現與評價有關鍵性的影響。部屬如何跟主管互動、互動頻率高低，關乎主管對部屬的觀感與態度。一般而言，有些主管樂於跟部屬親近，有些則偏好保持距離，然而，大部分的主管應該喜歡善解人意、懂得察言觀色的部屬，我行我素、不喜歡親近主管、不愛跟主管互動的部屬，跟主管的關係自然疏遠。要特別提醒的是，跟主管互動的緊密度沒有一定的標準，必須根據組織文化、主管性情與風格而定，身為部屬必須細心觀察，找到最佳平衡點，領略「有點黏，又不會太黏」的關係哲學！

(一) 體察上意 vs. 我行我素

　　懂得察言觀色、善解人意的部屬，通常也能體察上意，體察上意經常被曲解成奉承諂媚、拍馬屁，若以正向的態度來看，體察上意絕對是能為職場加分的重要特質，一個體察上意的部屬很容易理解主管的想法與期待，並且會主動、積極的順應主管的期待去處理、辦理相

關的事務。更貼心的部屬還會關照主管的心情，為主管分憂解勞，這些特質除了讓主管感到窩心、貼心之外，還會博得主管信賴。反之，不願意體察主管的心情與期待，甚至對於主管的指示或勸導置之不理、我行我素的部屬，主管怎愛？這種漠視跟主管關係的部屬，跟主管的不良關係通常也很容易遭致負面解讀，也就是，這種特質通常也會反射到與其他人的關係上，因此，主管除了本身情感上不認同這種部屬，連帶也對其工作的態度及表現打折扣。體察上意的積極作為在職場上是很高深的功力，具備這種特質的部屬很重視並專心傾聽主管的看法與期待，並且也會積極的去理解主管行事風格以及主管喜歡部屬如何與之配合，從積極互動、建立默契，到成為主管的左右手、心腹或重要信賴的部屬，積極為主管分憂解勞，主動幫忙蒐集業務情資，甚至願意擔任主管與其他同仁間的溝通橋樑，一切以單位業務發展及績效為重，是主管的重要倚靠人選。

1. 體察上意展現之行事風格

(1) 主動觀察主管的想法、行事風格及對工作之期許，盡量揣摩主管好惡，迎合主管。

(2) 主管指派業務時，積極揣摩主管期待，全力以赴。

(3) 在工作場域關心主管，當主管遭遇重大壓力或業務推展不順利時，主動關心，分憂解勞。

(4) 細心觀察主管工作上的人際網絡，掌握機會為主管維繫與強化人脈。

(5) 主動協助主管處理臨時性狀況或繁瑣雜務，為主管分擔壓力。

(6) 注意細節，主動提供貼心關懷或服務，成為主管倚重及信任的人。

2. 我行我素展現之行事風格

(1) 不願意揣摩、理解主管想法、期待與行事風格，一味依自己想法行事，與主管意見相左時不願意與主管溝通，不顧主管的指示或勸導，執意自己的作法。

(2) 與同事間互動關係也是堅守自我想法與風格,不願意妥協、取得共識,團隊合作時成為不受歡迎的對象。

(二) 親近主管 vs. 閃躲主管

　　華人的企業文化容易形成主管與部屬的階級感,很多員工對主管心生畏懼,尤其是新進員工,不敢親近主管,甚至刻意閃躲、跟主管保持距離!也有部分人士將「親近主管」解讀為逢迎、諂媚,為了特定目的接近主管,例如:想要爭取更好的薪水、考績、升遷機會,以及工作相關的機會或福利等,將親近主管視為耍心機、有特定目的的行為表現,常常因為不認同這樣的行為模式,或是為了展現與這樣行為模式的人屬於不同掛,因此刻意反其道而行,表現反向行為。

　　「親近主管」並非指與主管「黏 TT」,對主管窮追不捨。「親近主管」強調的是在精神層面與主管盡量親近,其中心思想在於「想跟主管建立緊密關係」、「希望博得主管認同與支持」、「與主管建立和諧且正向關係」,這些意圖絕對是「對上溝通」的重要且必要議題。當然,在拿捏跟主管親近程度時,必須考量公司文化,以及本身職級與主管之差距,「適當距離的親近」才能真正為自己加分。跟主管不親近通常很難了解主管的行事風格與期待,當然更無法進階到察言觀色、體察上意。大部分的主管喜歡部屬與之親近,顯現其親民風格,即便是外表嚴肅、不苟言笑的主管,通常在其冷硬的外表底下,所隱藏著的是期待部屬多親近的心。從職場發展的角度來看,能夠跟主管親近,建立好的指導關係,對於業務的發展絕對大大加分,更何況主管不論在業務專業、職場經歷或人生閱歷,絕對夠資格當部屬的前輩或指導員,親近前輩或指導員,絕對能幫部屬吸取更多學習養分。

1. 親近主管之行事風格

(1) 喜歡跟主管互動,包括工作上的請益、溝通,以及在工作過程的一般性互動。

(2) 懂得察言觀色,體貼主管,適時噓寒問暖,關心主管的工作。

(3) 積極營造與主管間正向且緊密的關係，建立默契、贏得主管信任。因著這種緊密關係的建立，主管願意與之分享工作甘苦，以及對工作的規劃與期許。

2. 閃躲主管之行事風格

(1) 不喜歡、逃避與主管互動，即使業務上有必要，也盡其所能避免與主管接觸。

(2) 不主動承接業務，被分派到需與主管密切互動之業務時呈現不安。

(3) 除了工作上必要之外，絕不與主管產生關聯，與主管關係疏遠。

（三）勤於回報 vs. 逃避回報

　　業務回報頻率視主管風格而定，無法一體適用。有概念的部屬必須掌握與主管的關係，以及主管的節奏、步調，建立與主管互動、回報的基準。「事必躬親型」的主管大小事都要掌握才放心，對部屬信任度低、授權度低；反之，「少來煩我型」的主管則較重視自我時間管理，不希望浪費時間在不必要之互動，只要業務順利進行就好，部屬盡量少來煩。這類型主管極有可能有高格局，看準大方向，掌握重點，追求最大績效！所以，要掌握較適當的回報頻率，必須先認清主管的風格。

1. 勤於回報之行事風格

(1) 準確拿捏主管行事風格，積極回應主管業務進度及提供重要訊息。

(2) 還無法完全掌握與主管間適當的互動頻率之前，寧可嘗試多與主管互動。

2. 逃避回報之行事風格

(1) 不喜歡跟主管互動，平時盡量避免與主管接觸機會。

(2) 遇到業務上有困難，自己無法解決時，仍不願意主動回報，找主管商量。或是透過別人轉知主管，盡其所能逃避與主管之直接接觸。

五 　四型風格解析

　　本章前面章節提供職場性格供讀者檢視、了解自己在職場中在外顯氣質、表達能力、積極度、與主管互動等四大構面之性格傾向，讀者可大致了解目前自我職場性格的正、負向比例。本節提供另一個檢視工具，讓讀者從另一個角度解析、認識自我的風格；同時，這個工具也可提供團隊管理者領導統御參考，針對每位團隊成員的風格取向，提供適當的激勵，提升管理效能。

（一）你是哪種風格？

　　本工具提供 20 個問題選項，讀者依照對自我的認知勾選（可複選），20 個選項分屬四種風格，讀者在四個風格的個別積分（每項勾選得 1 分，未勾選得 0 分，積分為得分加總），代表讀者在這四種風格之得分，也就是在四種風格的比重或程度。大多數人不會只有在單一風格有積分，通常會在某幾項風格有積分，也就是說，多數人風格是這四種風格的組合，可能在某項風格的取向較強烈，在其他風格的取向則較不明顯。此四種風格為：

1. P 型 (Pioneer)：外向；專注大局；即興發揮；喜歡冒險；想像力豐富。

2. I 型 (Integrator)：喜歡社交、圓滑的；富同理心；重視傳統；注重人際關係；避免衝突。

3. D 型 (Driver)：具量化概念；具邏輯性；聚焦，掌握重點；爭勝好強；好奇心強。

4. G 型 (Guardian)：行事有條理；保守的；講究細節；務實；忠誠。
　　20 個風格選項如表 1-2。

▲ 表 1-2　20 個風格選項

序號	風格選項	勾選	風格
1	外向		
2	專注大局		
3	即興發揮		P 型
4	喜歡冒險		
5	想像力豐富		
6	喜歡社交、圓滑的		
7	富同理心		
8	重視傳統		I 型
9	注重人際關係		
10	避免衝突		
11	具量化概念		
12	具邏輯性		
13	聚焦，掌握重點		D 型
14	爭勝好強		
15	好奇心強		
16	行事有條理		
17	保守的		
18	講究細節		G 型
19	務實		
20	忠誠		

(二) 激勵與打擊

　　部屬根據四型風格解析，可客觀認知自己的風格屬性，主管則不妨善用這項分析工具進一步了解每位部屬之屬性，分別採取不同的管理作為，掌握哪些因子會讓部屬被激勵或是感到打擊挫敗。強化激勵的正向

因子，迴避造成挫敗的負向因子。表 1-3 為各型風格之領導影響因子，
主管可從中掌握各種性格的部屬受到哪些因子的正負向影響。

📊 表 1-3 　各型風格之領導影響因子

風格	激勵	打擊
P 型	• 腦力激盪 • 自發性 • 嘗試新事物 • 熱情	• 規定及框架 • 拒絕 • 聚焦流程
I 型	• 協同合作 • 溝通 • 信任與尊重	• 政治性 • 衝突 • 無彈性
D 型	• 解決問題 • 明確方向 • 有贏面	• 無法決斷 • 無效率 • 缺乏聚焦
G 型	• 組織性 • 可預測 • 一致性 • 詳細計畫	• 雜亂無章 • 時間壓力 • 模糊與不明確

茲以表 1-4 範例風格解析與管理作為：（以下分析僅為示範性，非
絕對性，僅供讀者參考！）

📊 表 1-4 　風格範例

風格	小明	小花	小文
P 型	1	0	4
I 型	4	2	3
D 型	5	2	2
G 型	5	4	3

1. 風格解析

(1) 小文 P 型風格較小明及小花強烈，開創性較強。

(2) 小明除了 P 型風格之外，其他三型風格均屬明顯，是不錯的執行者人選。

(3) 小花及小文解決問題取向並不明顯。

2. 管理作為

(1) 小文具 P 型性格，可多交付創新性任務，給予表現機會，是屬於會自發性發想的類型，不喜歡被拒絕或被主管說「No」，所以即使其提出之創見不是很具可行性，主管也要婉轉導正，直接拒絕可能會打擊其創新與自發之動力。而這部分可能是他風格特質中很重要的一部分。

(2) 小明在 I、D、G 型風格均明顯，應該是願意承擔責任、勇於任事的人選，可委予重任，給予解決問題機會與具體任務方向，讓他從不斷達標中累積成就感，形成自我激勵動力。

(3) 小花 I 及 D 型風格均不明顯，屬較孤僻且消極性格，即使是資深同仁，主管也不能假設他會積極主動推動業務，必須有耐性的多跟催、多指派，且可借重其 G 型性格屬性，交派較具重複性、一致性高之任務，讓他從這個面向創造貢獻與價值。

（參考資料：*Harvard Business Review*, March-April 2017, p. 55.）

正向性格創造職場正面能量，
負向性格是職場發展的罩門，
讓商業溝通的金鑰幫您打開職場罩門。

問題討論

1. 請您運用第 4 頁「表 1-1 職場性格之類型」以鉛筆圈選出自覺與自己相符之性格類型，完成後計算正向及負向性格各幾項，了解自己職場性格偏正向或負向。

2. 承上，找一位職場中的好朋友，請對方幫您圈選職場性格類型，圈選出的結果跟上面自己圈選出的比較，了解自我感覺以及好朋友心目中的您，在職場性格中的差距。

3. 分析出您職場性格中：

   (1) 最具優勢的職場性格。

   (2) 對自己最具潛在殺傷力的職場性格。

   (3) 第一優先應調整的職場性格。

2 專業形象

職場人的專業形象，代表著其工作或服務水準給人的觀感或期待，塑造個人專業形象是職涯發展中很重要的課題，無論哪一行業，具備專業形象予人正面且鮮明的觀感，專業形象讓客戶放心交付重要業務或訂單，是個人在職場長期發展的關鍵能力，尤其在景氣低迷的就業市場，具備專業形象的人通常能夠在群體中脫穎而出，無論是他們由內而外散發的積極、自信，或是在與人互動之舉止行為、溝通表達等，都展現特殊的魅力，吸引目光。缺乏專業技能與專業素養的人，職場發展能力低落，相對容易遭到淘汰，只有建立自己的專業形象才能保有職場生存優勢。本章所探討的專業形象係為「概念性」名詞，強調無論所處任何工作性質、任何職級，職場人都應發展屬於自己的專業形象，創造價值。工程師、研究人員、專業經理人有其專業形象，同樣的，專櫃櫃姐、店員、餐廳服務生等，也都可以建立自己的專業形象。

對業務熟悉度	業務相關知能
執行力	執行業務之判斷力及績效
學習力	個人自我學習的能力
個人化風格	個人氣質給人的觀感

◎ 圖 2-1　專業形象的構成要素

本章從對業務熟悉度、執行力、學習力及個人化風格等四個面向，剖析職場人應積極建立的專業內涵。

表 2-1　職場人專業形象的內涵

專業面向	專業內涵
對業務熟悉度	• 指對所負責業務之基本知能，不同業種、業態業務涉及之基本知能深度與廣度不同。 • 業務複雜度愈高，專業含量愈高。 • 業務負責人掌握相關知能才能勝任工作，並且建立個人專業風格。
執行力	• 具備對業務準確的判斷力、組織與分析能力，才能在執行業務時展現精準性及效率。 • 提高執行力之行動準則： 　– 弄清楚交辦任務。 　– 怎麼做最恰當？ 　– 有哪些資源可運用？ 　– 掌握優先順序及關鍵要素。 　– 是否有別人的經驗可以借鏡？ 　– 謹慎努力執行。 　– 完成後主動回報。
學習力	• 任何人處在任何一個職場、位階，不可能與生具備所需的知識與能力，必須透過自我學習，培養每一個職務所需之知識與技能。 • 學習是職場人士的終生課題，學習力是職場競爭力的重要指標。 • 個人無論資質如何，在任何工作崗位都應盡心盡力，不斷自我鞭策、學習，追求突破，以學習力累積競爭力。
個人化風格	• 個人化風格指的是個人在職場行事所散發出的獨特氣質，給人的觀感。亦即，除了業務專業性之外，個人的行事風格給人的觀感，也對個人的整體專業形象有加分或減分效果。 • 如何在知識與技術之專業外，創造可為職場競爭力加分的個人風格？ 　– 職場性格。 　– 績效。 　– 顧客滿意度。 　– 表達風格。

一　對業務熟悉度

　　對業務熟悉度指的是對所負責業務之基本知能，不同業種、業態業務涉及之基本知能深度與廣度有所不同，一般而言，業務複雜度愈高，專業含量愈高。這是個知識分化的時代，每個人必須在自己的業務領域深耕基礎知識，建立基本的專業力。國貿業務的基本知能可能包括進出口流程、信用狀、進出口結匯法規以及貨物運輸保險等；服飾專櫃人員可能被顧客詢問的基本知能包括：材質特色、產地、清潔保養方法等商品知識，更專業的業務人員必須能夠針對顧客之身材、氣質與預算，提供選購建議，這些都是含括在業務基本知能之內；房屋仲介人員的業務基本知能除了所販售產品屋況、生活機能、未來增值潛力之外，還包括房屋買賣相關之法律問題以及銀行貸款等相關知識，這些知識與資訊都是顧客磋商過程以及下決策之前經常會詢問的。業務負責人掌握相關知能才能勝任工作，並且建立個人專業風格。

二　執行力

　　具備對業務熟悉度固然可以提供基本的服務，但是要建立更高的個人價值，關鍵在於必須具備對業務準確的判斷力以及執行力，接著才能締造好的績效。也就是，除了具備所負責業務相關知識之外，還需對業務重要性及優先順序有精確判斷能力，以及具備組織、分析等攸關執行力的要素，才能在執行業務時展現精準性及高效率，創造高執行力與亮眼的績效。前述對業務的基本知能可比喻為硬體建設，後者對業務之判斷力與組織、分析力則有如軟體，先有硬體，再透過軟體操控硬體，將任務完成。在實務上，教育訓練業務人員完成課程規劃及講師邀請、空間、教材等之準備，算是完成硬體建置，接著要招生及正式執行課程，牽涉到行銷推廣與溝通協調，以及學員之服務、臨時狀況之應變等，這

些狀況能否掌握影響到課程能否順利執行，這部分就是屬於對業務的判斷力與掌握度。

在實務上，提高執行力有基本的參考準則如表 2-2，茲分述如後：

表 2-2　提高執行力之行動準則

執行方向	行動準則
弄清楚交辦任務	• 執行業務之前務必釐清交辦任務，很多執行不力的個案，關鍵問題即在於未釐清任務，或是對交辦任務認知錯誤。 • 若對主管指派業務有疑問，務必徹底溝通釐清，千萬不可因懼怕主管或自尊心作祟而帶著疑問去執行。 • 千萬不要輕忽行事前溝通的重要性！
怎麼做最恰當？	• 仔細思量、評估，找出最佳執行方案。 • 向前輩、專家請益，必要時得不恥下問，向基層人員請教。
有哪些資源可運用？	• 善用資源使業務執行事半功倍。 • 平時要養成蒐集業務相關資訊的習慣，培養掌握資源的能力。
掌握優先順序及關鍵要素	• 職場「一人多工」的情形很普遍，必須培養妥善掌控、處理繁雜且緊急業務的能力。 • 在同樣重要的業務中再細分優先性。 • 當某項業務執行時程屆期時，「優先性」必須擺在「重要性」之前。 • 密切掌控執行進度與應完成期限，提早確認業務能否順利達成，必要時要提早向主管報告及尋求協助。 • 密切注意業務的重要性與優先性之變化，隨時權變，調整作業時程，掌控完成期限。 • 與主管間之溝通要高度警覺，跟上主管步調，遵照主管指示，全力以赴。要能充分掌握主管當時最關注的點，以及最急於解決之問題，千萬不要受到其他業務之干擾，模糊了焦點，與主管不同調。
是否有別人的經驗可以借鏡？	• 尋找周遭是否有處理過相關業務的同事，或是之前曾經處理該項業務，目前已異動或轉換部門之承辦人員，虛心向其求教。 • 無論所諮詢的人員提供的是成功或失敗的經驗，都對業務的規劃與執行有參考性。
謹慎努力執行	• 把持謹慎的心態努力執行，呈現最好的成果與績效。

📊 表 2-2　提高執行力之行動準則（續）

執行方向	行動準則
完成後主動回報	• 任務完成之後，最好能主動向主管回報，一方面讓主管放心，另方面也可藉機向主管分享執行經驗。 • 很多年輕員工在業務完成後沒有向主管回報的習慣，若是經常都要主管主動詢問進度，久而久之主管對該員工的觀感會減分。 • 主動回報可以避免主管在無法掌握業務進度時，可能發生的失控場面及緊張關係。 　– 主管公出在外，突然要了解業務進度時。 　– 主管處在一個緊急狀態，卻無法掌控業務執行進度。 　– 主管急於詢問某業務之進度，而承辦同仁又剛好公出或休假。

（一）弄清楚交辦任務

　　執行業務之前務必釐清交辦任務，很多執行不力的個案，關鍵問題即在於未釐清任務，或是對交辦任務認知錯誤，結果事倍功半，或者辛苦做半天發現是錯誤的方向！沒弄清楚被交辦的任務有時是自己的理解能力有問題，或是主管的角度與部屬不同，主管覺得已經講得很清楚，可是部屬卻還是霧煞煞，也有可能是主管自己確實講不清楚，只講一個大概方向，無論何種情況，只要是對主管指派業務有疑問，務必徹底溝通釐清，千萬不可因懼怕主管或自尊心作祟而帶著疑問去執行。很多員工執行不力或績效不彰，主要原因不是不夠努力，而常常是會錯意、誤解交辦任務，造成事倍功半或一事無成，千萬不要輕忽行事前溝通的重要性！

（二）怎麼做最恰當？

　　釐清確切任務之後，接著要仔細思量、評估如何執行，可以順利達成任務，而且可以追求最高效率，也就是，要找出一條執行的最佳方案。向前輩、專家請益，必要時得不恥下問，向基層人員請教。

（三）有哪些資源可運用？

　　善用資源使業務執行事半功倍，小自一份簡單的舊格式、很久遠的存檔文件，甚至某個聯絡人名單，都可能對業務的執行有很大的參考性及助益。蒐集資訊、掌握資源的能力是想要在職場有番作為的人必須建立的能力。

（四）掌握優先順序及關鍵要素

　　業務執行成效與執行者是否能正確掌握各項目的優先順序，以及哪些是影響成敗的關鍵要素，有決定性關聯。能否正確掌握業務之重要性與關鍵要素，學校正規教育無法提供完整且務實的教導，必須從職場實務學習、歷練，汲取、累積各種經驗。誠然，對於職場新鮮人，或是剛轉換新跑道的人而言，剛開始很難有好的判斷力與掌握度，但是用心的人能在執行每次的業務中，反省檢討缺失，釐清缺失之問題點，再謙虛向主管、前輩及同事請益，經過一次次的歷練，自然可以提高對業務的判斷力與掌握度。

　　在臨場實務操作過程，很多業務並非單純到很容易區分不同業務項目之間的優先順序，很有可能一個員工同時負責多項重要且急迫性業務，每一項業務都有很緊湊的進度與時程表，這時候就嚴格的考驗到員工的彈性與應變力，這種情形在職場中經常發生，尤其是民間企業講求效率與成本，「一人多工」的情形很普遍，職場人最好能培養妥善掌控、處理繁雜且緊急業務的能力，以下提供一些權變原則：

1. 在同樣重要的業務中再細分優先性

　　在同時執行多項同樣「重要」的業務過程中，當某項業務執行時程屆期時，該項業務必須在多項業務中，被調整為「優先執行」業務。

2. 密切掌控執行進度與應完成期限

　　提早確認業務能否順利達成，若有困難務必提早處理，並且謹慎評估、分析，精準判斷是否向主管報告及尋求協助。很多職場人在這方面

判斷力及應變力相當不足，導致投入很多心血，但終究功虧一簣，績效不彰，連帶給自己很大挫敗感，而感到非常錯愕與不甘！

3. 密切注意業務的重要性與優先性之變化

業務營運過程涉及很多變數，客戶訂單抽單或臨時加單、公司策略改變、顧客投訴、人事異動、新商機出現等諸多因素，都可能影響到原訂業務之規劃，必須隨時權變，調整作業時程，掌控完成期限。

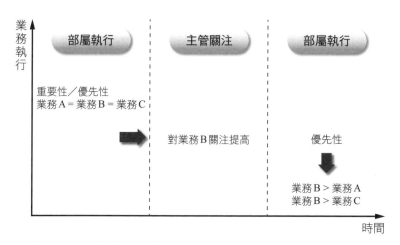

◎ 圖 2-2　業務重要性及優先性要隨主管的關注度彈性調整

4. 提高警覺，配合主管調整步調

業務執行過程之變動，通常部屬與主管之間會有密切互動與溝通，主管會有很多指示，並且可能朝令夕改，或者是部屬判斷力不足，太晚向主管報告執行之困難，以致主管發現重要業務即將屆期，眼前卻存在棘手問題，有拼搏精神之主管必然會想盡辦法達陣，必然也要使出非常手段、救急方案，此時部屬必須要高度善解人意，保持高度警覺，跟上主管步調，遵照主管指示，全力以赴。要能充分掌握主管當時最關注的點，以及最急於解決之問題，千萬不要受到其他業務之干擾，模糊了焦點，與主管不同調，這個時段是與主管溝通的黃金時間，也有可能是犯下重大誤失的危機時刻，務必謹慎因應，全力以赴！

（五）是否有別人的經驗可以借鏡？

　　前輩經驗常常可以提供寶貴、甚至關鍵性的參考值，若能虛心求教，成功或失敗的經驗都可提供執行上很重要且珍貴的參考。尤其當被賦予新業務時，更要積極尋找周遭是否有處理過相關業務的同事，或是之前曾經處理該項業務，目前已異動或轉換部門之承辦人員，虛心向其求教，有必要時可以親自拜訪請益。有些時候，我們向某位可能可以提供資訊的人求教，卻發現對方並無法提供我們預期的情報，可是透過他的推薦，卻找到其他更多諮詢對象；或者是很多時候，別人建議我們可以向某人請教，而某人可能外在非常不起眼，或者是我們直覺上觀感不佳，不認為對方可以提供幫助，然而事實上，當我們抱持姑且一試的態度前往詢問時，常常有意想不到的收穫，也許詢問到的情報不是原先所期望的，但是對方卻提供了更多更有用的資訊，只要抱持謙虛的態度求教，不要自我設限，常常可以得到超乎預期的資源與幫助。

（六）謹慎努力執行

　　釐清任務、找到最佳執行方案，並且也掌握資訊以及相關資源之後，接著當然要以謹慎的心態努力執行，呈現最好的成果與績效。若是前面費心佈局，做好準備，卻在執行階段百密一疏，或是草率行事，以致功虧一簣、前功盡棄，怎能不令人扼腕！

（七）完成後主動回報

　　任務完成之後，最好能主動向主管回報，一方面讓主管放心，另方面也可藉機向主管分享執行經驗，說不定可以從主管那裡得到更高明的參考經驗。很多年輕員工在業務完成後沒有向主管回報的習慣，認為事情完成就算完成，其實，主管日理萬機，而且主管也有自己的

業務處理時程，當自己的工作進度告一段落時，通常會開始關注、查核部門內重要業務的進度，所以，若是員工業務完成沒有主動回報，每次都要主管主動詢問，久而久之主管對該員工之觀感自然不佳，尤其當主管可能公出在外，突然要了解業務進度時，也可能處在一個緊急狀態，卻無法掌控業務執行進度或是完成情形，或是急於詢問某業務之進度，而承辦同仁又剛好公出或休假……，試想這些情況都可能讓主管抓狂、情緒失控，若是部屬有主動回報的習慣，就可以避開很多失控的場面以及緊張關係。

溝通小 Tip

從主管的角度，部屬的執行力可以約略區分成幾個等級，部屬可以根據自己目前所處的等級，設定自己未來努力及提升的目標：

1. A 級：獨立作業

具備獨立作業能力，可以依照主管要求完成任務，並且行事謹慎周到，展現高效率，執行過程與相關人員的溝通也相當順暢。

2. B 級：尋求奧援

沒有完全獨立作業能力，對於主管交代的任務認知上也不夠明確，但是有求好的心，會主動尋求奧援，執行過程遇到困難會即時主動向主管反應，請求協助。

3. C 級：平庸遲鈍

能力平庸，無獨立作業能力，執行之前對於任務之理解不足，而且不會採取主動詢問之態度，自己悶著頭猛做，遇到困難也無警覺性，不會主動尋求協助，也不敢向主管反應，經常延誤業務，受主管責備！

（續下頁）

A級：獨立作業	→	具備獨立作業能力，依照主管要求完成任務，並行事謹慎周到，展現高效率。
B級：尋求奧援	→	無完全獨立作業能力，對於任務認知不明確，但有求好的心，會主動尋求救援，執行過程遇到困難會主動反應，請求協助。
C級：平庸遲鈍	→	無獨立作業能力，對於被指派任務理解不足，且不會主動詢問，遇困難也無警覺性，不會主動尋求協助，經常延誤業務！

 圖 2-3　執行力等級分析

 職場放大鏡　「用心」展現執行力

◆ 案例情境

1. 惠君於國內某大學服務，受指派辦理課程招生，預計辦理同系列 6 個活動，活動地點都在校內。

2. 第一次活動籌辦時程急迫，以致惠君很晚才向校方租借場地，較理想的場地已出借，所以被分配到老舊的場地。

3. 主管查核活動辦理進度時發現租借之場地過於老舊，擔心影響學員之觀感，尤其第一場活動更有必要在一開始建立良好形象。

4. 求好心切的主管帶著惠君奔走、跟校方協商，很快找到另一個較原先條件更佳的場地。主管在過程中很清楚向惠君說明場地選擇之考量，也比較了更動前後兩個場地的差異性，希望惠君了解場地的重要性，在辦理後面場次活動時，能採取更正確的處理方式。

5. 主管同時也跟惠君提示，校方負責場地出借的行政人員通常不了解借用單位之需求，所以在分配場地時經常只單就參加人數分配場地，不會考

量活動辦理單位之需求。為使活動辦理圓滿,承辦同仁必須加入自己的判斷。

6. 第一場活動順利辦理完成。過了 2 週,惠君繼續規劃第二場活動,從第一場活動參與的情形以及報名過程詢問的熱絡,可以預期第二場活動應該會呈現與前次雷同的盛況,參與人數及場地需求當然也比照前場活動。

7. 開始招生一段時間之後,主管詢問惠君是否已租借場地,惠君答覆:還沒!

8. 主管心生不悅,感覺上之前為場地奔走的經驗似乎沒有在惠君身上產生效果,惠君算是單位的資深同仁,怎會在這麼簡單的業務上處理的如此草率!

◆ 案例分析

1. 未記取教訓

惠君未記取前次經驗,沒有提早租借場地,而且第二場次預期參加人數早已在掌控之中,並無未明變數。

2. 未虛心學習主管的考量點

前場次辦理時,原租借場地不理想,主管帶領協商尋覓到更佳場地,主管的提醒顯然惠君沒虛心聽進去。

3. 惠君工作態度用心度不足

執行業務用心與否影響業務是否順利完成,以及是否辦理妥善。惠君的表現顯示用心度不足,執行力不佳!這樣的表現會喪失主管的信任,主管總不能親自督促每一件業務!

溝通小 Tip

在每次的工作執行中用心、記取教訓,就可以提高執行力!不用心的工作態度、重蹈覆轍,只會讓自己原地踏步!

 職場放大鏡 優先性與重要性

案例情境

1. 玲芬是教育文化單位的業務專員。主管看重玲芬的積極性、責任心,以及業務推動能力,這些特質都是該單位業務人員必備的條件,所以,玲芬一加入單位團隊主管就賦予重任,指派多項重要的新業務。

2. 玲芬也不辜負主管期許,相當認真的投入業務,手邊同時負責多項重要業務的規劃與執行工作,相當忙碌,主管給予相當程度授權,也信任玲芬能夠掌握每項業務的預期目標、積極執行。

3. 主管對玲芬負責的業務僅以在旁觀察,有必要時再提供意見或協助,希望不要干擾到她的自主性。

4. 但是,有一陣子主管發現單位的業務似乎有點拉警報,幾個課程的招生狀況相當不理想,於是主管認為有必要介入督促與協助,希望能突破困難。其中,有一個課程是玲芬負責招生。

5. 某日,主管發現距離招生截止期限僅剩 3 天,但是招生名額仍不足好幾個,主管了解該門課招生的困難度,也了解玲芬一直在努力。

6. 由於該門課程已經申請到政府單位的補助,若報名人數未達規定之門檻,將無法得到補助,影響層面包括:(1) 對外:課程無法開班、對已報名之學員不好交代(他們已等待 1 個半月)、對課程講師不好交代、對單位口碑有負面影響,以及影響未來投標之通過率;(2) 對內:單位已經在課程規劃、撰寫申請書、投標以及招生等流程投入相當多人力,課程沒開成將功虧一簣,大家都會有挫折感,尤其承辦人員玲芬受挫感當更深!(主管一直細心關注玲芬的心情)

7. 由於影響層面頗大,所以主管不想前功盡棄,開始積極介入,也不斷跟同仁討論可以加強的推廣方向。經過積極努力總算有具體成績,報名名額有顯著增加。

8. 在緊密的加強之下,主管不斷表達希望務必達到課程門檻的心意,同仁也回應會積極努力!期間主管也不時詢問報名人數,必須密切掌握目標達成程度,主管認為同仁跟主管有共同心意,一定會達到目標。

9. 直到報名截止前一天下午,主管赫然發現仍有差額,若依據前幾天的進展,差額很難補足,於是主管神經更加緊繃,把所有事情擺一邊,積極從各種管道解決問題。同時也指示同仁一些努力方向,希望能盡力補救。

10. 很不巧的是,主管發現報名最後衝刺的一天,必須公出參加重要會議,由於擔心無法達到目標,所以公出之前即交代玲芬要積極再聯絡幾個可能管道,並且要求她要在主管外出開會這段時間回報進度,指示她去聯繫的管道若有問題也要回報。感覺上這件任務已經變成在跟時間賽跑,必須馬不停蹄的掌握時間衝刺。

11. 主管公出期間一直掛心這件事,玲芬並未主動回報,主管剛開始主動詢問,得到的回應是:好幾個人選已在探詢以及考慮報名,言下之意應該是在掌控之中。

12. 一直到主管公出返回辦公室(報名截止日最後一天下午 3 點),玲芬看到主管進辦公室,仍未立即主動回報,主管主動詢問之下,得到的答覆居然還有 2 個缺額!再詢問是否有其他機會時?玲芬冷冷的搖搖頭!

13. 此刻主管內心相當焦急,同時也頗納悶!感覺上這件業務玲芬應該比主管在意,可是從她的表現令人感到矛盾,主管覺得必須了解玲芬真正的態度與想法,是否要選擇放棄?若還不願放棄,所剩時間必須祭出更有效方案,最後一搏!

14. 於是,主管認為這件事大家已有足夠默契,應該要直接了當溝通,因此找玲芬攤牌,直接問她:你心中到底想不想放棄?

15. 玲芬的回答口氣及表情不自覺地表現出勉強的心態:我當然願意再試著打幾個電話看看!

(續下頁)

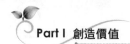

16. 玲芬的回答態度與內容讓主管相當錯愕！後來，主管推測玲芬剛任職不久就負責多項業務，已經露出疲態，熱忱正在消退中，但這是她負責的業務第一次遇到考驗，就心生畏懼，主管擔心似乎高估了玲芬的責任感與韌性！

17. 主管雖然心中不悅，但是仍不改拼搏精神，想盡辦法解套，也不斷提示玲芬再做哪些嘗試，但是玲芬表現出來的熱忱與積極度仍然與主管的認知有落差！

18. 最後是由主管用盡資源找到解套方案，終於達到最低開課門檻，順利達成目標。

◆ 案例分析

1. 玲芬的熱忱消退一部分原因應該來自業務的壓力，但是更重要的是與主管之間頻率不夠契合，以及沒有適當區分業務之「重要性」與「優先性」！

2. 確實，玲芬手邊忙著好幾項重要業務，主管也不時鼓勵她、肯定她的努力，但是，在業務處理時間及關注度的分配上，似乎仍有加強空間。

3. 玲芬並未警覺此時這個課程的「優先性」應該拉提到其他重要業務之前，也就是要把大部分關注力先放在這個課程上，全力關注衝刺這項業務，跟上主管的步調，與主管有同樣關注度。

4. 主管三番兩次跟催及介入，玲芬的反應過於淡漠，讓主管感覺不同心。

5. 這種情境是屬於職場中很高難度的對上溝通技巧，玲芬必須培養更高「彈性」及「應變能力」，隨時要能配合主管期待，調整業務在心中的分量。主管之前授權與信任，所以極少過問，但發現期限將屆卻未達目標，主管很迅速調整腳步及心情，展現高度拼搏精神與動能，玲芬卻未能同步調整，跟上主管腳步！

6. 玲芬必須再更多歷練，多與主管溝通，建立默契，才能滿足主管的期望。當然，若能在這方面有所突破與跟進，玲芬必定能成為主管最信任的左右手，也能在商業溝通境界更上一層樓！

溝通小 Tip

　　溝通功力高深的職場人，能夠將業務在心中的比重，隨時因應績效的需要，以及主管的期待，做適當的調整，展現高度彈性與應變力。

三　學習力

　　任何人在任何一個職場、任何一個位階，都不可能與生具備所需的知識與能力，必須透過自我學習，培養每一個職務所需之知識與技能。學習是職場人士的終生課題，學習力是職場競爭力的重要指標，天資聰穎者邏輯清晰、思慮嚴謹、掌握重點及業務輕重緩急，總是可以事半功倍，然而，若是高傲自大、不願學習，職場發展終必受限；反之，雖資質平庸卻擁高學習力，不斷從經驗中學習、突破與成長的人，終究會受惠於學習曲線，不斷突破提升，職場潛力無窮！個人無論資質如何，在任何工作崗位都應盡心盡力，不斷自我鞭策、學習，追求突破，以學習力累積職場競爭力，終究可以在職場開啟一片天。

　圖 2-4　不同資質的發展方向

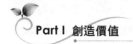

四　個人化風格

　　熟悉業務並且能掌握業務之餘，若能再進一步展露獨特的個人風格就相當完美，成為一個有獨特風格又有真材實料的專業人員。個人風格指的是個人行事風格所散發出的獨特氣質，給人的觀感。這是屬於職場競爭力的加分題。

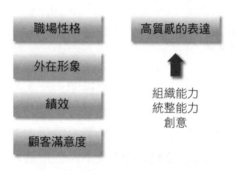

◎ 圖 2-5　塑造個人化風格的要素

　　如何在專業本位之外，創造可為自己職場競爭力加分的個人風格？哪些面向塑造個人職場風格？茲說明如下：

(一) 職場性格

　　如前章所述，個人外顯氣質、表達能力、積極度以及與主管互動等展現之職場性格，無意中樹立了個人風格，多具備正向職場性格自然可為個人化風格加分。

(二) 外在形象：穿衣術

　　外在的穿著打扮與舉止行為，直接提供了與人接觸的第一觀感。尤其是穿著打扮更是決定第一印象的關鍵，當你還沒開口說話，你的穿著已經幫你說話，對方也在心裡打下第一個分數，因此穿著打扮無疑是相

當重要的非語言溝通,所以職場人想要塑造優質的個人風格,職場穿衣術絕對是立即要到位的準備工作。如何透過穿著打扮讓對方留下好印象之外,還能為自己的專業與風格加分,也就是穿著不僅要得體,還要展現獨特風格,「穿出自己的型」,這是有企圖心的職場人必須要花心思重視的課題。

穿衣哲學因個人風格、工作性質以及個人可以投資的衣著預算而異,很難制訂一致性規範,茲提供一些較通用的參考原則:

1. 簡單大方的穿著

不管在任何行業,擔任何種職位,上班族的服飾穿著,都要掌握「簡單」與「大方」的原則,因為在工作中需要引人注意的,應該是自己的工作能力與效率,而不是外在的美麗與身材。適當且得體的上班服飾,不但可以證明自己對工作的尊重,也比較容易贏得別人的信任。

2. 配合所處行業文化調整

個人必須融入工作場域的文化,所以在服飾上也應配合工作場域做搭配。

(1) 保守行業

例如公務員、金融業等較保守的行業,比較適當的穿著風格是中規中距的套裝,搭配簡單有質感的配件。

(2) 創意行業

廣告企劃、公關、行銷顧問等行業,員工應配合業務的性質,在服裝上展現自己的創意與獨特風格,但也不能偏離專業優先的原則。

3. 慎選顏色及材質

服裝的款式講求簡單大方之外,還要考量色彩與材質,必須搭配自己的膚色、個性與身材,展現出青春活力與專業感。

(1) 色彩

在穿衣術中，色彩是極具力量與迷惑感的要素。正確選擇色彩，可以傳達正向的精神與意念，也可以得到修飾身材的效果。上班族的衣櫃中，只要準備好黑色、白色、灰色、深藍或淺褐色的基本色系，在穿著搭配上就相當足夠了。對於色彩傳達的感覺要有以下基本的認識：

A. 顏色深暗的服裝看起來嚴肅而有威嚴。

B. 鮮豔的色彩較能吸引他人的注意力。

C. 中間色調：灰色系、褐黃、赭紅、海軍藍等，能表現優雅與專業，其中尤以褐色系運用最為廣泛。

(2) 材質

上班族選購服裝時，通常是以款式及色彩為考量，忽略了材質的影響。不同材質呈現不同質感，選購時應該要根據材質的特性，來選擇適合的款式，同時也要運用材質的特性，為穿著加分，充分應付不同場合的需要。例如：棉與絲的材質適合運用在襯衫上，在冬天，羊毛襯衫具保暖性，也不會有太厚重的感覺；長褲材質的選擇以不容易起皺為原則，斜紋布料褲子穿起來較挺，絲質或混紡材質則較有輕柔垂墜感；洋裝的挑選要避免過於厚重、硬挺的布料，以免看起來過於沉重，棉、麻與化學材質及其混紡的布料，較適合洋裝材質。

4. 配件避免過於大型、華麗或貴重

選擇首飾與配件首重飾品的設計性，與服裝搭配才會有畫龍點睛之效。所以既然服裝以簡單大方為原則，配飾當然也要能搭配服裝風格，過於誇張、華麗或貴重的飾品，恐怕只會適得其反。尤其是年輕上班族，簡單的材質與設計，反而可以襯托年輕的活力。

（三）績效

個人績效的好壞對於個人形象有很直接的影響，績效好自然給人優秀、努力的正向評價。

（四）顧客滿意度

若所負責業務直接接觸顧客，則顧客滿意度自然也影響到個人的評價以及給人之觀感。

（五）表達魅力

要進一步彰顯個人優質風格，必須要具備高質感的表達能力與魅力，所謂「高質感」純粹是主觀感受，個人表達方式讓顧客及主管印象深刻、給予高評價，即是具備高質感表達能力。

如何建立高質感表達能力？建議方向如下：

1. 高說服力的表達技巧

具備高度說服力的人通常都是思維清楚、口齒清晰，舉止大方合宜，能夠很清楚地表達自己的想法，並且言之有物，與人互動時能夠根據互動對象的特質，調整自己的溝通模式與調性，讓對方感到自在，進而對其產生信任與興趣。

2. 業務、專業實力加上適當的包裝

好的業務能力及專業實力通常隱藏適度的包裝，這裡所指的包裝並非僅是商品的有形包裝，還包括個人行銷業務及產品時採用的表達方式，透過表達行銷產品及服務，本身即是一種形式上的包裝。執行業務、推廣產品時有適當且優質的包裝，自然給人印象深刻。甚至，經常發生的情況是，專業及產品的評價僅是中等，但經由好的包裝提升整體價值。

能夠幫自己加分的包裝除了創意之外，還要具備「說」及「寫」的基本功，無可否認，商業溝通絕對脫離不了「說」及「寫」，無論是面對面的口語溝通，或是非面對面的書面、文字溝通，好的語言及文字表達能力是職場溝通致勝很重要的武器，準備好的武器，顧客上門自然派上用場，若是沒有好的基本功，即使有很多顧客上門機會，依然有可能讓顧客一一流失！

　　企業主管經常抱怨年輕世代員工撰寫報告能力很差，足見書面表達能力確實是職場重要技能，無論對外業務拓展，或是對上溝通與表現，都是亟需準備好的職場技能。

3. 組織統整能力加創意

　　個人執行業務所呈現之組織、統整能力，以及創意等特質，也是重要的個人風格展現。這是屬於高層次的表現，具備這些高階職能的人，在職場上總是能夠建立很特殊的風格，獲得「專業」、「優秀」、「格局大」等高度評價。具體的呈現方式例如：同樣接受主管交派任務蒐集某項技術的資訊，一般人可能僅能一板一眼的經由各管道蒐集到相關資料，交差了事；有組織統整能力的人會自動統整分析蒐集到的資料，資料分析後將之群組分類，呈交給主管的是有組織有系統的情報，而非僅是單純的初步資料，甚至更有創意的人會將分析後資料以簡潔有力的圖表方式呈現，提供給主管的是一份清楚明瞭、有重點、善於閱讀的報告。要達到這境界，必須具備組織與統整能力，創意則通常在組織統整能力進入精熟境界之後，很自然會呈現出來。這些能力必須在職場歷經長期的用心自我要求、自我學習，以及標竿學習，才得以培養出來。

> **溝通小 Tip**
>
> ### 女性具說服力的職場穿衣術
>
> 　　男性在職場的穿著打扮有較「通用」的參考樣版，一般正式場合，西裝與襯衫就是很「安全」的穿著。相對而言，女性的職場穿著較無公認的參考樣版，除了像金融業、大眾運輸業、服務業等類型行業，以及某些中大型企業，有規定的制服之外，對於沒有規定制服的工作場域，反而讓很多女性員工迷失在變化多端、多元的選擇中。在多樣化選擇中如何找到適合自己的穿著風格，強化自己的

專業性說服力，是初入職場的女性就應該要重視的問題，一開始就為自己的穿著風格定調，有利往後在職場專業形象的營造。

從展現「專業性」與「說服力」的立場來看，女性職場穿著打扮建議以朝向「中性風格」較適宜，以中性風格為主基調，再配合個人特質與工作場域文化與需要，進行適當的調整，打造符合自己外型、氣質風格，並能展現專業性與高度說服力之形象。

本處討論的穿著搭配，主要針對工作性質經常有對外接觸顧客與對上接觸主管機會的業務，屬於偏「業務型」工作，若屬於「研發型」或「操作型」工作通常會呈現較為輕鬆的穿著風格，主要是配合工作場域的需要，很多研發工程師偏好以 T-shirt 搭配褲裝的穿著型態，畢竟西裝筆挺的穿著很多人認為不方便研發工作的進行。「操作型」的工作場域，無論男性或女性，通常也是要配合工作場所的環境及需要，選擇簡單、不會妨礙工作的穿著。

此外，這裡所談論的職場穿著係指較為正式場合的穿著，一般上班時間若沒有正式會議，很多員工偏好較為輕鬆、隨意的穿著，當也無可厚非！特殊或有特定需要之行業，則不在本討論範圍。

女性中性風格之穿著打扮參考：

1. 衣服：穿著剪裁簡單的套裝，以中性色彩為宜，例如：灰色、黑色及白色系列。
2. 鞋子：以簡單造型包鞋為原則，色彩建議也採中性為宜。
3. 髮型：簡單清爽，切忌讓散亂的頭髮遮掩臉孔及五官，頭髮上也不要外加過多裝飾品。染髮以不影響觀瞻以及不引人側目為原則。
4. 彩妝配件：以簡單清爽為原則，淡妝與清淡的香水表現尊重與禮貌，隨身包包的樣式與色調都要與整體穿著配搭，無論是否名牌，都要盡量選擇造型簡單，色彩不突兀的設計風格。首飾、配件等選擇簡單有型、質感佳，可為專業度加分，這些加分配件只要準備少數幾件搭配運用即敷需要，無須頻繁變化。

（續下頁）

　　中性風格強調以簡單清新的裝扮，配合專業表達，讓人留下深刻印象。無論在衣物、裝扮及色彩方面，都選擇簡單清爽設計，過度女性化以及過度時髦的穿著風格，很容易讓繁複或是突兀的打扮模糊了業務焦點，削弱了專業性，這是很多職場女性必須重視，而且不得不時時自我提醒的課題。過度隨性的穿著，或是放任自己個人喜好，忽視與所處工作場域以及業務性質之配搭性，很容易給予人不專業以及過度隨性的觀感，「過度隨性」代表對工作的尊重感不夠。

　　專業性穿著並不代表制式、呆板、沒變化，在「中性」的主軸精神下，職場女性還是可以配合場合需要及心情，適當的調配及變化，一方面讓自己轉換心情，另一方面也可以藉由偶爾有限度、與原風格不衝突的「跳脫」，強化別人的印象。

溝通小 Tip

應徵助理的穿著

　　某大型政府財團法人招募計畫助理，應徵者個個年輕貌美，但是在穿著方面展現不同風格。由於應徵者是年輕人，職場閱歷不是很豐富，大部分的應徵者都是穿著展現年輕與身材的漂亮服裝，最後錄取的則是唯一穿著簡單 OL 套裝的應徵者，根據那位幸運錄取的年輕女孩的說法，進入公司後，主管告訴她錄取的原因，就在於她的穿著很得體，感覺她很重視這一份工作，進入公司後應該也會認真看待工作。試想，在一個一般性辦公室職缺的應徵面談場合，一位面貌及身材姣好、穿著白色飄逸蕾絲滾邊長裙的應徵者，以及一個面貌及身材普通，但是穿著簡單的短窄裙 OL 套裝的應徵者，對於一個真正想要找一個能好好做事職員的面試官，他會選擇哪一個應徵者呢？

 **職場放大鏡** **績效的包裝**

◆ 案例情境

1. 某公務單位承辦人員接獲重要計畫委辦單位公文，函知上年度執行績效經評量為最高等級 A 級。

2. 承辦同仁的簽辦內容：

   (1) 計畫委辦單位告知本中心去年度○○計畫執行評定為 A 級。

   (2) 本單位已提出下梯次申請計畫。

   (3) 文呈後存。

3. 該簽辦公文送呈主管時，主管修改如下：

   (1) 本單位去年度○○計畫執行成果，經計畫委辦單位評定為最高等級 A 級。

   (2) 本計畫執行績效優，且為本單位最重要盈餘來源，每年可為單位創造至少○○淨利，佔單位整年度淨利之 35%，對單位貢獻度高。

   (3) 擬另專簽敘獎有功同仁。

   (4) 文呈後存。

◆ 案例分析

1. 同樣的簽辦，顯然可以得到很不一樣的效果，承辦同仁一般性的簽辦，完全沒有凸顯績效；主管修改的簽辦內容為單位績效做了強而有力包裝：

   (1) 強調單位執行績效優良。

   (2) 強調貢獻度。

   (3) 以具體數據佐證績效與貢獻度。

   (4) 邀功：敘獎有功人員。

2. 職場人應多學習把握各種機會包裝自己、放大自己的貢獻及優點，彰顯自己的價值，這是職場競爭中很重要的一環，只懂得默默做事、不懂自我行銷的人，在競爭激烈的職場中經常被忽略，甚至被利用、打壓、排擠，天才也有被埋沒的時候！

（續下頁）

聚焦
把握重點，確認要凸顯的內容
確實是受重視、能打動人心的

表達
將成果或績效陳述清楚

量化
以量化數據強化績效

優化
搭配優質的口語或書面表達，
展現整體優質感

◎ 圖 2-6　呈現亮點的步驟

3. 呈現自己的亮點與價值必須掌握的原則：
　(1) 把握重點呈現，要確切知道哪部分能真正打動所要表現或邀功的對象，針對那部分做包裝及表現。
　(2) 要盡量用具體量化的佐證資料，來強調特色、績效與貢獻度。
　(3) 配合優質的口語或書面表達方式呈現，展現整體的優質感。

問題討論

1. 請您運用第 30 頁「表 2-1 職場人專業形象的內涵」檢視自己符合及不符合之項目,針對不符合之項目自行評估條列出可以改進之項目,並訂定改進之優先順序。

2. 請您回想職場經驗,列舉出一至三位您認為具專業形象之職場朋友(盡量不要列舉名人),參考本章提出的四大面向(對業務熟悉度、執行力、學習力、個人化風格),製表條列出您從對方身上感受到的專業印象。

3. 您覺得專業形象對職場競爭力的重要性?有哪些影響?

4. 想要提升專業形象,必須具備自我績效包裝能力,您覺得這方面有哪些基本技能可以自行學習與加強,如何進行?

5. 從您個人角度來看,您覺得未來在工作場域中,針對您個人特質,可以如何加強自己的執行力?

好商品需要搭配好的行銷才能熱賣，同樣的，好人才也需要透過行銷來展現自己的優勢、特色與風格，尋找伯樂。在人潮擁擠的工作場域，想要在眾人之中展現自我特色與價值，必須要培養自我行銷的能力，並且將這種能力內化為職場性格，打造自我獨特的職場口碑與形象。

茲分述職場自我行銷的策略與行動準則：

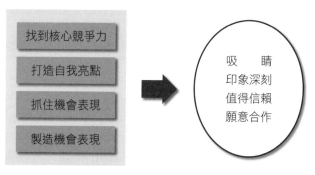

◎ 圖 3-1　職場自我行銷手法

表 3-1　職場自我行銷行動準則

策略	行動準則
找到核心競爭力	• 認清自己是最重要的，如果不知道自己的天分，就沒辦法運用。 • 分析自己的核心優勢，找到自己獨特的天分，從這個天分切入、發揚光大，創造自己的價值。
打造自我亮點	• 在學校所學的理論與知識，進入職場後必須經過轉化才能展現實質價值。若要展現個人亮點，則須再經過歷練、觀察、學習，淬鍊出獨特精湛的自我「包裝術」。 • 打造自我亮點是創造個人職場價值的重要準備工作，個人必須很用心的專注在這件事情。 • 用心觀察所處環境的文化與個人發展空間，將個人的天分或核心競爭力與職場環境進行最佳化的搭配，打造獨特且優質的形象或亮點。
抓住機會表現	• 積極用心參與每一個業務環節，細心觀察、留意每一個可以表現的機會。 • 只要有心，工作環境中表現的機會處處可見。
製造機會表現	• 為了在特定時間內達到表現的目的，又苦無現成的機會，此時就要想辦法製造機會。 • 製造機會的管道很多，端視當事者用心程度及企圖心。

一　找到核心競爭力

　　國際知名心靈導師凱文‧霍爾 (Kevin Hall) 在其《改變的力量》一書中指出：「認清自己是最重要的，如果我們不知道自己的天分，就沒辦法運用。」、「位於學習曲線頂點的人，都只專注一項東西：他們獨特的天分。」有什麼是你十拿九穩的？那就是屬於你個人的天分！不管資質如何，大部分人都可以找到天分並加以發揚光大，一個汽車銷售員也許不夠聰明、口才不夠好，卻只有一個天分：很會拉關係！光靠這個僅有天分，很有機會在汽車銷售界開創一片天。把自己的天分放到最大，你就踏上了路，也對準了目標。如果沒有，那就是誤入歧途，偏離了目標！

同理，在職場想要開啟一片天，就必須先客觀分析、了解自己的核心優勢，找到自己獨特的天分，從這個天分切入、發揚光大，創造自己的價值，成功機會自然倍增！例如：善於口語表達的人要積極把握簡報及參與協商的機會展露口才；善於運用文字力量者則要多製造機會展現分析及撰寫功力，讓人印象深刻；善於溝通協調的人要多主動爭取參與協商業務或爭取負責協商之角色；善於資料蒐集的人則要主動觀察主管需要哪些情資，主動幫忙蒐集資料提供給主管。

三 打造自我亮點

掌握自己的天分與核心競爭力之後，要配合所處的職場環境，進行適度包裝，打造一個能夠吸引目光、讓人印象深刻、博得信任的亮點與形象。個人在學校所學的理論與知識，進入職場後必須再經過轉化才能用得上，若要展現個人亮點，則須再經過歷練、觀察、學習，淬鍊出獨特精湛的自我「包裝術」。

打造自我亮點是創造個人職場價值的重要準備工作，個人必須很用心的專注在這件事情，用心觀察所處環境的文化與個人發展空間，將個人的天分或核心競爭力與職場環境進行最佳化的搭配，打造獨特且優質的形象或亮點。例如：

(一) 知識型工作場域

在屬於知識型工作場域，打造亮點勢必朝「能說」、「能寫」方向發展較有機會，配合組織文化的保守程度，調配自己的表現與呈現方式。通常若屬保守偏中性的文化中，具備認真做事與「能說」、「能寫」特質的人，經常可以將業務成果以務實且有創意的包裝呈現獨特質感，這樣的獨特性很容易吸引目光，得到認同，成功打造「認真且高質感」的亮點。很多產業老闆表示，公司裡面的年輕員工很不會寫報告，顯然「能

「寫」是企業主管極重視的能力。新世代職場人「敢說」的多,「能說」的少,「能寫」的更少,而偏偏許多年輕人喜歡投入知識型工作場域,但在投入之前及投入之後,都缺乏那一份對所處職場的認識與準備。

知識型工作者打造亮點經常是從簡報來表現能力及業務亮點,在運用簡報表達的時候,務必要設法讓簡報內容精簡扼要、讓聽眾印象深刻,可以把握的一個重要原則是:盡量用「圖形」、「圖片」或「數字」來取代「文字」,這基本上是優質簡報的原則,在呈現一個亮點時尤其要特別注意。也就是,不同的亮點呈現方式,會展現不同的效果。

◎ 圖 3-2　善用資源,行銷自己,讓自己在職場舞台露出,才能一步步跨出去

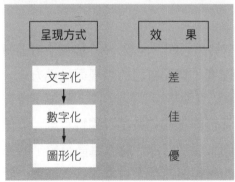

◎ 圖 3-3　簡報呈現方式之效果

以下舉例說明：

簡報呈現內容為「大學與企業合作研發高價耳機的成果」，呈現方式如下：

1. 文字化：以純文字敘述合作主題、合作期間、所研發完成耳機之特色，如下圖示。

> ■ 合作時間：
> ■ 合作主題：高價耳機設計開發
> ■ 合作對象：○○公司
> ■ 合作成果：
> 　- 經與顧客 3 個月 co-work，已順利完成
> 　　○款耳機開發，顧客非常滿意
> 　- 順利結案，完成產學合作案

　　行銷效果：普通的感受，只接收到「成果不錯」的訊息。

2. 數字化：以數字凸顯該耳機之功能、預期銷售量及產值，如下圖示。

> ■ 合作時間：
> ■ 合作主題：高價耳機設計開發
> ■ 合作對象：○○公司
> ■ 合作成果
> 　- 與顧客 3 個月 co-work，已順利完成，
> 　　顧客非常滿意
> 　- 準備開模量產
> 　- 預計至少製作 10,000 副耳機，預期產值
> 　　台幣 1 億元
> 　- 潛在顧客：歐美頂尖遊戲玩家

　　行銷效果：產量及產質等量化數據明顯大大強化接受訊息者的感受，讓人感覺成果真的很耀眼！

3. 圖形化：直接展示研發完成之產品圖形，並且輔以前項之量化數字，加強效果，如下圖示。

　　行銷效果：除了量化數據有力的佐證之外，實體圖形或照片的襯托更大幅提升接受訊息者的印象，圖文並茂的呈現方式，不僅讓人看到亮點，最重要的是酷炫的設計圖樣在人腦中留下深刻印象！

> ■ 預估產量：10,000 副
> ■ 預期產值：台幣 1 億元
> ■ 潛在顧客：歐美頂尖遊戲玩家
> ■ 亮點：商品化標竿個案

　　無庸置疑，第 1 類型純文字的呈現方式很難讓人看到亮點；第 2 類型當然效果比第 1 類型好很多；而結合數字與圖形的第 3 類型呈現方式，絕對是最具體，並且令人印象深刻的亮點。知識工作者若能經常採用這種方式呈現自己的想法或成果，絕對可以打動主管、顧客的心，並且樹立自己專業、獨特的風格與形象。

（二）服務型工作場域

　　在屬於服務型工作場域，打造亮點可以朝向「高度服務熱忱」搭配「能提供顧客貼心服務」方向發展，服務熱忱是服務產業的基本要求，但必須是善解人意且細心周到的人格特質，才能在眾多服務之中，憑藉「貼心的服務」得到顧客青睞與按讚，打造自己亮點。在美髮美容產業領域，顧客總是指名服務的人選，這必然是在專業技術之外，能呈現很特別的服務亮點，而創造這些亮點的員工懂得掌握所服務客群屬性與需要，配合自己的天分，提供到位的服務。

　　打造自己的亮點並不是一件很容易達成的工作，但卻是職場勝出的必備條件，有些人很快找到自己的路，有些人則可能要在職場摸索一段時間，不斷調整，最後才讓自己到位，即便如此猶不嫌遲，依然有成功機會。

溝通小 Tip

　　職場「包裝術」是創造個人價值的黃金武器，成功的包裝，除了掌握個人天分，還要加上對職場環境的深入觀察與高度投入，以「用心」與「投入」練就包裝術。

三　抓住機會表現

　　很多職場人將工作視作理所當然，只是生活作息的一部分，被動的跟隨工作節奏；也有一些人，積極用心的參與每一個業務環節，細心觀察、留意每一個可以表現的機會。只要有心，工作環境中表現的機會處處可見，例如：主管交派的任務、部門會議中的參與及發言、與顧客協商會議的表現、與主管一起公出開會或國內外出差，機會無所不在，要隨時準備好，抓住機會表達自己對業務的心得或建議、對重要顧客的觀察、對單位業務發展方向的見解，甚至提供與單位業務相關之重要情報等，這些都是必須在平時就默默投入與準備，一旦有表現的機會，自然隨時可以派得上用途，不讓機會流失！機會只留給準備好的人，若是沒做好準備，又急於表現，結果通常適得其反！

表 3-2　隨時抓住表現的機會

表現機會	做好準備
• 主管平時交派的任務 • 主管臨時交派的任務 • 部門會議中的參與及發言 • 與顧客協商會議 • 與主管一起公出開會 • 與主管一起國內外出差	• 對業務的心得或建議 • 對重要顧客的觀察 • 對單位業務發展方向的見解 • 與單位業務相關之重要情報

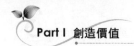

四 製造機會表現

　　有時為了在特定時間內達到表現的目的，又苦無現成的機會，這時候就要想辦法製造機會，例如：運用邀請某專家或主管參與會議的機會，製造在其面前表現的機會；運用特殊節日送禮的機會，親自拜訪爭取互動與表現機會；利用辦活動的機會展現自己的專長、才能或創意（如主持活動、活動企劃、活動贈品發想，以及活動攤位招商等能力）。製造機會有很多管道，端視當事者用心程度及企圖心。

問題討論

1. 請試著先自行分析列出自己 1 ～ 3 項核心競爭力，接著再邀請一位職場朋友，請對方也同樣列出他所認為您的核心競爭力，兩相比較彙整出完整客觀的個人核心競爭力項目。

2. 請根據自己的核心競爭力，設計出 1 ～ 3 項可在目前所處職場秀出亮點的行動計畫，請設計出具體且可執行之內容。

4 自我改造

人非萬能，無法十全十美，在職場也不可能一路順遂，沒有挫折與失敗。但是可以藉由自我改造成長提升，學無止盡，職場人生也應秉持終生學習的態度。積極進取的人，更應針對自己個性、思考模式及工作習慣等方面的弱點，設立堅定目標，積極進行改造、翻轉職場性格，開拓新造的職場人生。

個人依照自己的現況、資源與目標擘劃自我改造藍圖，自己設定改造的範圍，可以局部性改造、全面性改造，也可規劃階段性改造計畫，先局部一一突破，最後全面性改造。改造作業難速成，無法一蹴可幾，必須有周詳的計畫，加上腳踏實地、鍥而不捨的執行意志力，才能逐步達陣。正式進行改造行動之前，必須做好徹底分析準備工作，讓改造工程能確實有效的扭轉故我，開創新我。

一　自我改造

自我改造前的分析與準備工作：

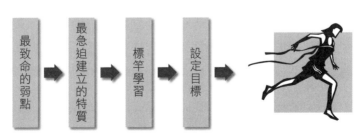

◎ 圖 4-1　自我改造之步驟

表 4-1　自我改造準則

溝通守則	行為準則
找到自己最致命的弱點	• 針對自己的優勢及弱勢進行分析，找出自己的弱點，列出改造的順位，最致命的弱點要優先積極革除。
確立自己最急迫建立的特質	• 針對自己人生目標或職涯規劃，確立自己最需急迫建立的特質與能力。 • 最急迫建立的特質可能是針對最致命的弱點進行革新，也有可能是針對自己的優勢進行強化，形塑自我特質與亮點。
找到學習標竿	• 自我改造並非易事，致命弱點必然沉痾已久，單憑意志力很難扭轉，若能找到標竿學習對象，轉化為精神助力，時時鞭策，應可成為改造之路的精神指引。 • 只要有心，周圍可學習的對象比比皆是，針對自己的需要，找到對自己的學習最有參考性的樣板，幫助自己突破。 • 職場上很多不斷成長提升的人，都是一直默默尋找標竿，虛心學習，才能在職涯發展上持續革除弱點、累積優勢，為自己的競爭力加分。
設定自我改造目標	• 分析釐清自己的優劣勢，並且也找到標竿學習對象，自然可以綜整設定改造目標。 • 改造目標應包括改造方向、具體項目以及預定達成時間。

（一）找到自己最致命的弱點

　　改造的動機必然在於革除原先的病灶，故而必須針對自己的優勢及弱勢進行分析，找出自己的弱點，列出改造的順位，最致命的弱點當然要積極革除。致命的弱點可能包括：缺乏解決問題能力、堅持力不足、耐壓力弱、不善與人互動、在眾人面前發表容易怯場、執行業務嚴謹度不足、優柔寡斷、蒐集資訊能力弱、不善經營人脈、書面表達能力弱、負面思考等。

（二）確立自己最急迫建立的特質

　　釐清自己的弱點後，接著要進一步針對自己人生目標或職涯規劃，確立自己最需急迫建立的特質與能力，接下來才能針對要建立的特質設定目標。最急迫建立的特質可能是針對最致命的弱點進行革新，也有可能是針對自己的優勢進行強化，形塑自我特質與亮點。這些特質可能包括：強化業務拓展能力、建立簡明有力的簡報風格、建立重要文稿撰寫能力、溝通協調能力、資料綜整能力、組織與整合能力、正面思考、強化學習能力等等。這些特質一旦建立，相信必然可以為個人職場競爭力大大加分。

（三）找到學習標竿

　　自我改造並非易事，致命弱點必然沉疴已久，單憑意志力很難扭轉，若能找到標竿學習對象，轉化為精神助力，時時鞭策，應可成為改造之路的精神指引。標竿樣板可以是赫赫有名的成功人士，也可以是自己在職場中接觸到的成功榜樣，只要有心，周圍可學習的對象比比皆是，針對自己的需要，找到對自己的學習最有參考性的樣板，必然可以幫助自己突破。職場上很多不斷成長提升的人，都是一直默默尋找標竿，虛心學習，才能在職涯發展上持續革除弱點、累積優勢，為自己的競爭力加分。

（四）設定自我改造目標

　　分析釐清自己的優劣勢，並且也找到標竿學習對象，自然可以綜整設定改造目標，改造目標應包括改造方向、具體項目以及預定達成時間。

　　表 4-2 提供自我改造的具體參考作為。

表 4-2　自我改造的具體作為

改造項目	達成目標	達成時間	學習標竿
提升簡報能力	1. 簡報時不會怯場 2. 簡報內容精簡有力 3. 簡報口齒清晰流暢 4. 簡報包裝清新有型	半年內	簡報風格亮麗之主管
提升書面表達能力	1. 懂得如何蒐集相關資料 2. 強化資料綜整組織能力 3. 能撰寫簡潔有力之文稿	1 年內	資深績優同事
提升組織與整合能力	1. 加強業務相關廣度知識，拓展思維格局 2. 強化業務重點掌握能力 3. 強化執行環節掌控能力 4. 強化資料蒐集綜整能力 5. 強化相關資源連結統整能力	1 ～ 2 年內	績優主管或資深同事
業務能力	1. 建立與人互動之主動性與溝通能力 2. 強化思維想像能力及創意 3. 強化行銷技巧 4. 強化顧客關係經營能力	半年	1. 績優主管或同事 2. 業務高手
學習能力	1. 建立主動積極學習之心態 2. 列出學習項目及順位 3. 蒐集、建立學習管道 4. 建立學習指導顧問名單	半年	績優主管或資深同事

二　高潛力之職場通用能力

　　專業技能的「硬實力」，以及商業溝通的「軟實力」，都是職場生存的必備能力，其中，「書寫」及「簡報」兩項是最具發展潛力的職場通用能力，可以稱作是「高 CP 值」的職場能力。「會寫」或「會說」的人絕對可以在很多場合展現自己的亮點，吸引人注意，主管對於會寫

又會說的部屬，必然從內心裡按讚，誇獎「是個人才！」有智慧的主管會善加運用這些不可多得的人才，讓他們有發揮的舞台，也幫助團隊創造績效及亮點。然而，大多數的職場人並不盡然具備「說」及「寫」的好能力，他們很希望提升這些能力，卻苦無提升的方法！當他們工作上遇到必須書寫報告及業務簡報時，內心十分不安。本節茲簡述一些自我學習的方法，提供讀者參考。

◎ 圖 4-2　培養高 CP 值職場能力

(一) 如何提升書寫能力

工作中因業務的需要，難免有書寫報告的機會，甚至跟主管或顧客間電子郵件的傳遞，能否精確的傳達，也關乎到書寫能力。

1. 參考及模仿

參考優質的報告以及書信內容，並進一步經由模仿學習，創造出自己的書寫風格與品質。學習的角度在於報告撰寫的結構性、表達方式以及包裝技巧。

2. 養成固定閱讀習慣

閱讀有助於書寫能力之建立與提升，平時應該有計畫的固定閱讀與工作相關的書報雜誌，蒐集新知，有系統的分類整理，建立日後書寫報告的重要參考資料庫。

3. 寫摘要

　　評價書寫品質的重要指標在於書寫內容是否精簡且明確呈現重點，很多報告長篇大論卻讓閱讀者抓不到重點，在工作場域，書寫內容的重點呈現遠比文字的量以及文辭的優美性重要，所以欲提升書寫能力必然要設法讓書寫內容有重點性。建議方法：可以在平時閱讀的書報中，挑選適當的內容，閱讀之後試著撰寫簡短摘要，以「寫摘要」的方式訓練自己的書寫內容更具重點性。

4. 表格化與圖形化

　　「表格化」與「圖形化」是書寫的重要加分技巧，能夠將要表達、陳述的內容用圖形、圖表呈現，展現出書寫內容的重點性與系統性，除了方便閱讀，讓閱讀者很容易理解報告的重點之外，簡單易懂的表格與圖形，也讓閱讀者留下深刻印象，在知識爆炸的世代，唯有讓人一目了然、簡單易讀的報告才能獲得讀者青睞。

（二）如何提升簡報能力

　　擁有好的簡報能力可以為工作大大加分，簡報是一種結合書寫、口語表達以及人際互動的高難度技能，具備優質簡報能力，可以擴大績效、展現亮點，也可以創造個人特色及價值。

1. 觀摩與模仿

　　想要提升簡報能力，可以從學習模仿開始，找到獲高評價的簡報風格，分析其內容呈現與包裝特色，仿照其風格，創作屬於自己的簡報內容，再逐漸優化。

2. 爭取機會練習

　　簡報除了內容之優化之外，還要有好的講演技巧，這部分當然也可以藉由學習模仿，但是不能紙上談兵，必須多找機會練習，平時在學

校專題報告、分組報告,或者是在職場的企業內小型或較不正式的報告場合,都是可以練習簡報技巧的好機會,有心提升簡報能力的人應該鼓起勇氣,爭取練習機會。從每次練習的時機,虛心參考聽眾的感受與意見,不斷精益求精,提升簡報能力。

3. 請人指導

如果可以找到師長、前輩或專家指導,可以提高簡報內容的格局,以及揣摩出更靈活、可以讓聽眾有感的簡報。

4. 養成剪報習慣

剪報是一個很簡單,卻可以累積有價值資訊的好方法,平時養成簡報習慣,有計畫的固定閱讀報章雜誌,以及專業書籍,從這些地方蒐集與工作或特定業務相關的最新資訊,特別留意具特色的資料呈現方式,例如圖表、圖形之呈現技巧,有系統的整理、保留這些資料,當有剪報機會時,這些平日累積的資料將成為重要參考或運用素材。這些外部資料的運用可以擴大簡報的視野與格局,提升簡報的廣度與深度,也會給聽眾簡報人博學多聞的觀感,為簡報評價加分。

溝通小 Tip

職場人除了工作賦予之任務外,應該在每個工作階段自行訂定自我成長目標,包括個人職涯發展目標,或是個人能力的培養、弱點的改造等目標,執行後可以不斷修正目標,無論目標是下修或上修,都必須能有自我激勵效果,讓自己有持續前進的動力。

目標的擬定可以虛心向前輩或是周圍的成功標竿人士請益,幫助自己訂定更宏觀的目標。

訂定目標並朝目標積極前進,是職場人不斷進步的最佳動力。

職場放大鏡 新龜兔賽跑的啟示

著名童話故事「龜兔賽跑」大家耳熟能詳，烏龜和兔子爭辯誰跑得快，他們決定來場比賽分高下，選定了路線後，就開始起跑。兔子帶頭衝出，奔馳了一陣子，看到自己已遙遙領先，心想，反正烏龜爬得慢，他可以在樹下休息一會兒，兔子很快地在樹下睡著了。而一路上笨手笨腳走來的烏龜則慢慢的前進，不一會兒就超過了正在樹下熟睡的兔子，抵達終點，成為貨真價實的勝利者。等兔子一覺醒來，發覺自己輸了！小故事大道理，這個勵志小童話故事告訴我們很簡單的道理：無論資質如何，只要努力不懈，還是有成功機會。很多出身低微的成功職場人士不斷為這個深入淺出的道理做見證。

誠然，這樣的啟示絕對是職場發展的重要守則之一。然而，職場環境千變萬化，雖然不盡然經歷大風大浪，但是也不能奢望一帆風順，除了努力之外，勢必還要備妥更多「籌碼」與「子彈」來應戰。在這樣的職場背景催生之下，傳統的龜兔賽跑劇碼有了續集，提供給職場人更多省思與啟發……。

1. 第一戰

兔子一覺醒來，發覺自己輸了！

故事啟示 ▶▶ 像烏龜有毅力、緩慢且持續努力下去的人會贏得比賽。

2. 第二戰

兔子因為輸了比賽而倍感失望，為此他做了些缺失預防工作，分析失敗原因。兔子很清楚，失敗是因他過度自信、太大意，以及過度散漫。如果自己不要認為勝利是理所當然的，烏龜是不可能打敗他的。因此，兔子單挑烏龜再來另一場比賽，而烏龜也同意。

這次，兔子下定決心要扳回一城。兔子全力以赴，從頭到尾，一口氣跑到終點，領先烏龜好幾公里。

故事啟示 ▶▶

(1) 如果兔子不打混，那麼，動作快且前後一致、努力不懈的人，將可勝過緩慢且持續的人。

(2) 在你的工作單位有兩種人，一個做事緩慢，按部就班，而且可靠；另一個則是行事快速，辦事也牢靠。那麼，動作快且牢靠的人將在公司一直往上爬，升遷速度比那緩慢且按部就班辦事的人快。緩慢且持續固然很好，但動作快且牢靠則更勝一籌。

3. 第三戰

這下輪到烏龜要好好檢討，烏龜很清楚，按照目前的比賽方法，他絕不可能擊敗兔子。他想了一會兒，然後單挑兔子再來另一場比賽，但是這次選擇在另一條不同的路線進行比賽。兔子同意，兩人同時出發。

為了能保住領先地位，兔子告訴自己必須從頭到尾不停止的前進，不得休息。於是兔子飛馳出去、賣力奔跑。直到碰到一條寬闊河流，而比賽的終點就在幾公里外的河對面。兔子呆坐在那裡，一時不知怎麼辦！

此時，烏龜慢條斯理的姍姍而來，撩入河裡，游到對岸，繼續爬行抵達終點，完成比賽，得到勝利。

故事啟示 ▸▸

(1) 找出你的核心優勢與競爭力，然後改變或選擇對自己有利的競賽環境或條件，發揮你的核心競爭力！

(2) 在你的工作單位，如果你是一個能言善道的人，一定要想辦法創造機會，好好表現自己，讓高層注意到你的能力。

(3) 如果你的優勢是從事分析工作，那麼你一定要多做一些研究，寫出有分量、有價值的報告，然後呈送上去。

(4) 順著自己的優勢來發展，不僅會讓上司注意到你，也會為自己創造成長和進步的機會。

4. 第四戰

比賽至此，兔子和烏龜在經歷努力與輸贏之後，都有很深的感觸！反而成了惺惺相惜的好朋友。他們一起檢討，內心裡都明白，在前幾回合比賽中，其實他們都應該可以表現得更好。所以，他們決定再比賽一場，但這次是採取「團隊合作」的方式。他們一起出發，這次由兔子扛著烏龜，直到河邊。在河邊，烏龜接手，揹著兔子過河。到了河的對岸，兔子再次

（續下頁）

扛著烏龜,兩個一起抵達終點。到達終點的時間比起前幾次都要快,他們感受到一股更大的成就感!

故事啟示 ▸▸

(1) 個人「表現優異」與擁有「堅強核心競爭力」固然不錯,但除非你能在一個團隊內與別人同心合作,團隊成員專長互補,各自發揮核心競爭力,如此總體表現才能創造超乎一般水準的成績。

(2) 因為總有一些地方,是你技不如人,而別人卻做得蠻好的。

(3) 團隊合作要發揮的好,關鍵在於能否找到勇於突破某種「情境」的人來引領團隊前進。

從這個故事中,我們可以學到更多……

(1) 我們了解,在遭逢失敗後,兔子和烏龜都沒有選擇放棄。兔子決定更拼,並且投入更多的努力。在盡了全力之後,烏龜本來天生速度就比不上兔子,因此,烏龜選擇改變競爭策略。

(2) 在人的一生中,當失敗臨頭時,有時我們更加努力,有時則需改變策略,嘗試不同的抉擇。或者有的時候,兩者要同時進行。

(3) 兔子和烏龜也學到了最關鍵的一課。當我們不再與競爭對手比較,而開始聯合起來,一起突破某一種「情境」時,反而能締造出最佳表現,遠遠勝過於單打獨鬥的成績!

表 4-3　新龜兔賽跑的啟示

賽局	勝利者	致勝關鍵	啟示
第一戰	烏龜	持續努力	• 有毅力、緩慢且持續努力下去的人會贏得比賽。
第二戰	兔子	動作快加上努力不懈	• 動作快且前後一致、努力不懈的人,將可勝過緩慢且持續的人。 • 在公司內動作快且牢靠的人,升遷速度比緩慢且按部就班辦事的人快。 • 緩慢且持續固然很好,但動作快且牢靠則更勝一籌。

표 表 4-3　新龜兔賽跑的啟示（續）

賽局	勝利者	致勝關鍵	啟示
第三戰	烏龜	1. 找到核心優勢 2. 改變環境，讓優勢發揮	• 找出核心優勢與競爭力，然後改變或選擇對自己有利的競賽環境或條件，發揮核心競爭力！ • 順著自己的優勢來發展，不僅會讓上司注意到你，也會為自己創造成長和進步的機會。
第四戰	雙贏	團隊合作	• 個人「表現優異」與擁有「堅強核心競爭力」固然不錯，但若能藉由團隊合作、各展所長，各自發揮核心競爭力，總體表現可創造超乎一般水準的成績。 • 總有一些地方是你技不如人，而別人卻做得蠻好的。
延伸啟示			

• 在人的一生中，當失敗臨頭時，有時我們需更加努力，有時則需改變策略，嘗試不同的抉擇；或者有的時候，兩者要同時進行。
• 當我們不再與競爭對手比較，而聯合起來一起突破某一種「情境」時，反而能締造出最佳表現，遠勝過於單打獨鬥的成績！

溝通小 Tip

正向思考的力量

　　職場人在行事及每一次面對困難時，採取正向或負向的態度與行為模式，對職場能力以及職涯發展有決定性影響。

1. 正向思考的行為模式

(1) 以積極正向的心態行事，訂定自我發展目標，自我督促朝目標前進。

（續下頁）

(2) 遇到問題或困難時，能控制自己的情緒，以冷靜、理性的態度，積極尋求解決問題的方案，並且能突破自我思維的框架，以及自身資源的限制，以開闊的胸襟，對外尋求奧援。

(3) 問題解決之後，能客觀檢討分析、記取教訓，累積正面經驗。

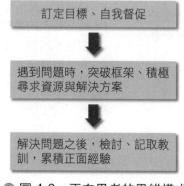

訂定目標、自我督促

遇到問題時，突破框架、積極尋求資源與解決方案

解決問題之後，檢討、記取教訓，累積正面經驗

◎ 圖 4-3　正向思考的思維模式

2. 負向思考的行為模式

(1) 面對困難時態度消極，為自己的處境找理由與藉口，習慣性陷入抱怨、自憐的情緒。

(2) 以消極、自我中心的態度處理問題，當問題無法解決時，陷入更強烈的負面情緒。

(3) 惡性循環，形成負向性格。

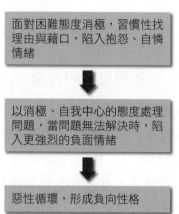

面對困難態度消極，習慣性找理由與藉口，陷入抱怨、自憐情緒

以消極、自我中心的態度處理問題，當問題無法解決時，陷入更強烈的負面情緒

惡性循環，形成負向性格

◎ 圖 4-4　負向思考的思維模式

問題討論

1. 請試著分析列出自己在職場最大的弱點，並列出自我改造的優先順序以及具體改進作法（可參考 p. 67 圖 4-2 培養高 CP 值職場能力）。

2. 為維持職場競爭力，職場人應具備終生學習素養，請在確定自我改造方向之後，試著規劃屬於自己的近程、中程及遠程學習計畫，包括需要閱讀哪些書籍、參加哪些課程以及加入哪些社群組織或活動等。

3. 我從新龜兔賽跑故事得到哪些令我震撼的啟示？

Part II

溝通無礙

　　不容否認，職場發展能否順暢，人際關係將是最關鍵要素，任何一個職能無法完全獨立作業，即使是工程技術人員，業務執行過程，必然涉及與人的接觸與互動，人際關係良窳絕對是職涯發展成功關鍵要素，而與人際關係息息相關的則是人際「溝通」。溝通範圍涉及相當廣，包括：與主管溝通、與顧客溝通、與團隊溝通。甚至，隨著產業發展的多元化與國際化，許多業務還涉及到「跨文化溝通」。「溝通」是職場人必修重要學分，掌握溝通力，掌握競爭力！

5 向上管理

你的話說到一半，主管打斷：「所以你想說什麼？」業務出包，被主管罵：「為什麼不早來報告？」努力完成工作，主管卻說：「這不是我要的！」三不五時被主管問：「那個案子到底有沒有進展？」上述這些對話應該是職場中經常可以聽見看見的互動與對話，與主管的溝通是上班族必然要面對的課題，跟主管溝通順暢、維持正向關係，工作起來自然順心愉悅，得到主管青睞支持，職涯發展相對順暢。大部分的人離職，是因為主管！99.9% 的升遷、加薪也是因為主管！知名會計師事務所人資長觀察到，常見的員工離職原因中，「感到晉升無望、職涯發展受限」，絕對是很有代表性的一項，而這項也絕對跟「對上溝通」脫不了干係！

即便如此，很遺憾有相當大比例的職場人並沒有跟主管建立好的溝通關係，甚至有些人把主管當作「惡魔」、「酷吏」，跟主管之間是對立、緊張的關係！類似圖 5-1 這樣的溝通循環不難看到。

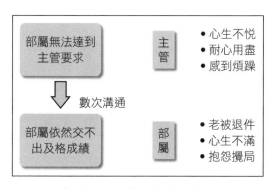

◎ 圖 5-1　負向的對上溝通

1. 經歷數次不斷溝通與修正，部屬總是無法達到主管要求！

2. 主管感受：負向溝通循環不斷重演，有營運及績效壓力的主管必然心生不悅，對於這樣的部屬耐心用盡，感到煩躁與無力！

3. 部屬感受：已經很努力了，卻老被主管退件，難忍心生不滿，認為主管故意刁難，於是部屬開始抱怨，嚴重的蓄意攪局，甚至背後扯主管後腿！

4. 這樣的負向循環之下，部屬與主管自然無法好好溝通相處，長久下來演變成雙方以激動的口氣你來我往，互相責備與抱怨！

追本溯源，很多的爭執與衝突源自「觀點」的不同，不容置疑，主管與部屬之間，上下「觀點」大不同！因為「角度」、「高度」、「立場」不同，導致「格局」與「企圖心」不同。舉 2 個小例子，部屬與主管同樣站在某個小山坡上，部屬心情愉快，低頭看到腳邊野花稱讚：「小花真美！」但一旁的主管卻抬頭看天，擔心「看起來快要下

◎ 圖 5-2　上下高度大不同

雨了！」研討會開始前 20 分鐘，主管發現團隊沒有在 VIP 座位放置茶水，要求承辦同仁馬上備茶水（主管交代到附近來回 10 分鐘路程購買礦泉水即可），承辦人卻回以「可是時間來不及！」面對同樣事情，部屬與主管因高度不同，看到的層面也不同，對事況的判斷與採取的作法也有所不同！所以很明顯的，部屬想要跟主管有較好的溝通，關鍵竅門在於「能否從主管角度設想？」或者應該說，「能否學習從主管角度設想？」愈能從主管角度設想，愈能體貼主管的部屬，愈能做好對上溝通，當然，也愈有機會往晉升主管路上前進。

 職場放大鏡 高度不同，看法大不同！

◆ 案例情境

1. 何主任週六赴辦公室加班，發現單位已經開辦的帶狀活動 A 場地並不適合，詢問一起在加班的小雯為何沒借用 B 場地執行該活動？小雯回覆因 B 場地已被另一位同事麗如借用作為課程使用，所以只好轉借用 A 場地。

2. 何主任知道更換場地勢必增加溝通及行政作業，但反覆思量評估，還是認為該帶狀活動必須更換至 B 場地，才能呈現較佳活動品質。於是交代小雯立即打電話跟並未來加班的麗如說明帶狀活動必須於下次上課（隔週週二晚上）調整至 B 場地進行，請麗如隔週週一上班向場地租管理單位登記借用另一個場地，將 B 場地讓給該帶狀課程。

3. 但麗如在電話那頭立即提出反對意見，反對理由：

   (1) 目前設定使用 B 場地的課程係政府委訓課程，若要變更須正式發公文。而且該課程之前已做過一次變更，再次變更擔心會被記點，影響該課程評價。

   (2) 週一上班才能處理變更事宜，週二晚上就要換場地，作業上來不及！

（續下頁）

4. 麗如的兩項反應何主任評估之後認為可以解決,只要馬上跟委訓單位人員電話聯繫,告知事況緊急,請求通融,何主任評估與委訓單位一直維持友好關係,應該可以爭取到通融,不會被扣點且也可以通融公文略為延遲,因已事先報備。何主任再度透過小雯告知麗如這樣的盤算,意思是只要依照主任提供的因應作法可以順利於下週二更換教室。言下之意希望麗如即刻透過 Line 跟委訓單位人員協商(依照以往經驗,假日期間可以透過 Line 跟對方溝通)。

5. 但麗如接受到這樣訊息之後,仍然回應小雯會來不及更換,而且強調她承辦課程在 B 場地上課已有一段時間,希望等該班課程結束再讓出場地。她不斷透過 Line 跟小雯確認主任是否已打消更換的念頭。但該課程結束時間其實跟帶狀活動結束時間很接近,也就是,等到那時間再更換場地其實無任何意義,也無法提升帶狀活動的場地品質。

6. 經過這段溝通,何主任對於麗如不聽指揮的態度相當不悅!但因為急著要處理,所以主任自行以 Line 傳達請求給委訓單位人員,也將麗如上述 2 點疑慮告知,請求通融及協助,經過 1 個多小時對方讀取訊息,並立即回覆可以通融。

◆ 案例分析

1. 這個案從「對上溝通」角度來看,麗如讓主管不悅的原因,表面上是犯了「不聽指揮」的職場忌諱,但追根究柢,關鍵其實在於麗如與主管「高度不同」!

2. 類似情境職場經常發生,員工通常只從自己角度考慮事情,希望在方便行事的狀況下,能兼顧業務順利且保護自己,在這種慣常心態之下,麗如很執著在「再度變更場地會被扣點」以及「變更場地要趕公文流程」,一直在這兩個關卡打轉,剛好她可能又是一個掌握公文進度較為保守的性格,所以雖然主管已告知可以協調,但她還是陷在自己的疑慮中,不斷透過小雯表達不希望更動的想法。這樣的堅持自然會讓主管不悅!

3. 這類型部屬有幾個盲點：

(1) 即使兩項疑慮都發生了，既然是主管做的決策，自有主管承擔，主管已經一再強調可以協商處理，部屬堅持己見只會讓主管覺得不受尊重及不被信任！

(2) 部屬僅從自己業務角度考量，但主管要全盤考量，場地異動對已開始使用該場地之課程自然有影響、有減分，但對有需要更換成新場地的活動必有加分，主管必然已經權衡得失，預估加分超過減分，才下這樣的決策。

(3) 做好對上溝通的前提是要認知到主管的高度不同於部屬，高度不同看的面向不同，要考量的範圍自然不同，有這樣的認知與信任才會隨時提醒自己，跳出自我的堅持，遵從主管決定。這種角度、心態的調整，可稱之為「部屬心法」，算是職場中必要培養的素養。如果缺乏這樣的認知，就可能發生像麗如這樣的「不聽指揮」誤失！若能在當部屬的階段常常練習這樣的心法，久而久之，自然可以培養出主管的格局與高度；若無法在自我堅持的當下轉念，每次總是堅持自己的立場、不聽指揮，試想這樣的部屬再有才幹，主管恐也難接受！

(4) 另外一個高度不同的影響在於，主管預判可以透過與委訓單位協商解決問題，但麗如似乎對這方面無感，所以她無法信任主管的判斷，而陷在自己的思維框架，主管多了「公關力」，主管知道在這種狀況可以透過跟委訓單位的友好關係請求通融，因為主管平時重視對外關係之經營，所以他心裡有底，兩項疑慮應在委訓單位可以通融的範圍，所以最後才下決策更換場地。當然，身為部屬尚未具備公關力是可理解的，但是若是平時就練習前述的「部屬心法」，就會採取尊重服從的作為。當然，若是部屬能透過這樣的事件領悟到主管的公關力，也算是一種職場的學習與成長。

一 向上管理守則

　　主管與部屬之間因其性情及行事風格之不同，而必須採取不同的溝通模式，所以，部屬必須細心觀察主管風格與好惡，迎合主管，採取對自己有利的溝通模式。雖然職場環境因產業別、業態別及企業組織文化有所差異，儘管如此，職場中仍然可以歸納出一些較為通用的向上管理守則，提供參考。

表 5-1　向上管理守則

溝通守則	行為準則	
拿捏與主管關係緊密度	• 與主管建立好關係對職涯發展有正面影響 • 把握機會與主管建立工作面及情感面的連結	
讓主管投下信任票	• 缺乏信任感的主雇關係最後必將由「冷淡關係」演變成「危險關係」 • 主管特地交辦的業務，或是特別糾正的錯誤，部屬應積極回應與處理	
掌握業務回報頻率	• 認清主管風格	• 事必躬親型 • 少來煩我型
	• 回報頻率	• 主管對業務之關心程度 • 主管對部屬之授權程度 • 從互動中調整頻率 • 特殊需求
	• 業務回報型態	• 重要業務面報與書面資料同步 • 善用書面呈報或搭配電子郵件方式回報 • 妥善運用即時溝通平台
與主管同心	• 展現對主管之支持 • 體貼主管 • 不要看主管熱鬧 • 給主管台階下 • 切忌背後批評主管	

📊 表 5-1　向上管理守則（續）

溝通守則	行為準則
向主管學習	• 不要用自己的強項看待主管的弱點 • 不要用放大鏡看主管的弱點 • 與主管見解不同時
擺臭臉及冷回應是大忌	• 負面的表情與語氣傷害關係 • 自主情緒管理 • 理性溝通，化解誤會 • 謙和的態度與溫暖的語氣是溝通利多

（一）拿捏與主管關係緊密度

　　許多職場人不樂意、也不擅長跟主管親近，總是與主管保持距離，更糟的情況是與主管處於對立關係！人是感情的動物，多交一個朋友總勝過多一個敵人，與主管關係好對自己的工作及職涯發展絕對是正面的。主管交派業務表現良好，自然可博得主管信任，建立好關係，撇開工作能力與業務表現這個層面，在上班期間及在工作場域，有很多機會可以跟主管建立情感面的連結。觀察細微、體貼主管的部屬，很容易博得主管好感，即便工作能力平庸，甚至偶出差錯，基於情感面的連結，總能得到主管更多包容與指導；反之，與主管維持冷淡、強硬、甚至對立關係的人，即便有好的業務表現，也難以得到主管真心相挺，在某些情境下，還可能演變成與主管「不和」的處境，甚至落入「功高震主」的疑慮，這樣的緊張關係有時是職場風暴來臨的前兆！

（二）讓主管投下信任票

　　信任關係是人與人之間能否長期合作的必要條件，部屬與主管間的關係更是需要信任感來維繫，缺乏信任感的主雇關係最後必將由「冷淡關係」演變成「危險關係」。得到主管信任不盡然需要高能力，資質平庸也有可能贏得主管高度信任。很簡單的一個原則，針對主管

特地交辦的業務，或是特別糾正的錯誤，從部屬的回應速度與處理情形，就可看出其與主管間的信任關係。針對上述情形若部屬快速回應，主管基本上已經給予正面評價，若加上舉一反三且處理妥當，讓主管很滿意，主管當然投下信任票；反之，若是主管已嚴厲指正的誤失，或是特別提醒改進的業務，部屬依然無警覺性，沒有依照指示積極辦理，當主管查核時一再發現與之前同樣的誤失，甚至要主管下一次指令才給一個動作，無法舉一反三，這樣的溝通模式讓主管管理上有無力感，必然失去主管的信任！

 職場放大鏡 | **讓主管投下不信任票**

案例情境

1. 某主管新到任，所管理的單位為業務性質，到任後觀察同仁的工作態度與營運績效，試圖檢討過去盈餘不佳之問題所在，經過一段時間觀察，發現同仁過去的工作模式與態度缺乏業務導向精神，為扭轉情勢，提高績效，不斷與同仁溝通，傳達單位之任務、目標與應調整之工作模式與態度，針對很多誤失不斷透過正式會議要求改進。

2. 單位業務推展之重要管道之一，係透過單位對外網頁傳達業務訊息，爭取顧客。

3. 在這樣的溝通前提之下，某日，主管查看單位網頁時，發現多位同仁負責的業務提供的資訊與實際狀況不符，顯示承辦同仁並不經常查看網頁，也不積極更新網頁訊息。

4. 考量單位的業務性質，網頁是與顧客接觸的重要介面，故而主管迅速召集同仁指出誤失，並要求每位承辦同仁積極更新網頁上的營業訊息。

5. 主管一一指出當時網頁上訊息未更新之處，要求同仁立即更新。

6. 當天相關同仁確實已各自進行網頁資訊更新。

7. 單位網頁訊息屬於動態性，必須隨時配合業務進度呈現最新資訊。但是，3天後主管再查看網頁時，再度發現某項重要業務依然出現多處訊

息不正確，同一訊息出現在多個頁面時，同仁僅更新一個頁面，其他頁面仍非最新資訊，該項業務的負責同仁竟還是資深同仁！

8. 由於類似的狀況與改進原則，主管已跟所有同仁三申五令、多次提醒，這次誤失並非初犯，引起主管相當不滿！詢問這位資深同仁為何仍發生這樣的誤失？同仁僅以尷尬的無言回應！

◆ 案例分析

1. 部屬沒有警覺到如何因應新主管的需求與風格，也就是，主管換人，部屬的腦袋沒換！

2. 既是資深同仁，顯然工作習慣與態度已有慣性，加上缺乏警覺性與積極性，所以一直無法達到新主管的期望。

3. 雖經主管鄭重提醒依然一再失誤，表示工作態度不夠用心、也沒有積極回應主管特別的指示，所以這樣的同仁在主管心中，應該已經投下不信任票！

（三）業務回報

許多部屬與主管互動的困難顯現在業務回報方面，由於部屬抓不到恰當的回報頻率，採取的回報方式也就無法因事制宜。這樣的不同調，造成主管的不信任，以及部屬的挫折感，久而久之就形成不好的關係！

1. 認清主管風格

從主管風格來觀察，部屬的回報頻率應有區別，茲分別說明如下：

(1) 事必躬親型

若主管屬於事必躬親型，表示他習慣對業務全盤了解掌控，他除了掌握大原則之外，還要管制細節，這類型主管通常對部屬信任度低，所以針對這樣的主管，用心的部屬要掌握「隨時回報」的原則，必須深入感受主管對每項業務的授權程度與掌控期望，掌握回報的適當頻率，以

得到主管信任。一個簡單測試方式，當部屬負責一項業務過程，若主管頻頻詢問及催促業務進展，通常就顯示部屬回報頻率不夠，以致主管必須主動詢問。因此，部屬必須在主管跟催之前主動回報，才表示回報時間及業務執行時程恰當。

(2) 少來煩我型

有些主管屬於只掌握大原則，不願意管制細節，甚至不關心執行過程的類型，這類型主管若能展現優質績效，就表示是屬於典型能力強、格局高，掌握重點、重視時間管理，並且有卓越的危機管理能力。在這種主管下面任事，自然必須有很好的業務執行與應變能力，最重要的是，要很清楚掌握回報頻率及回報內容，切忌大小事回報請示，讓主管感到浪費他的寶貴時間。

表 5-2　主管風格與互動頻率

事必躬親型	少來煩我型
全盤掌控	掌握大原則
管制細節	不拘小節
對部屬信任度低	盡量授權
希望隨時回報現況	重視自我時間管理

2. 回報頻率

從實務面來看，業務回報頻率與主管對業務的關心程度以及對部屬授權程度有關。回報頻率與主管對業務關心程度呈現正向關係，與主管對部屬的授權程度則呈現反向關係。

(1) 主管對業務的關心程度

一般而言，主管對於愈重視的業務，愈須較高度掌控，部屬回報頻率也應相對較高，亦即，主管對業務關心程度與回報頻率呈現正向關係。

(2) 主管對部屬的授權程度

　　主管對部屬授權程度高表示主管對該部屬信任度高，或是該項業務重要性相對低，部屬自然無須頻頻回報，可以在授權範圍內自我負責，階段性回報進度即可。反之，主管較不放心、授權低的部屬，自然必須頻頻互動回報，給主管更多檢核點，並且透過每次的檢核進行業務方向或執行方式的調整，慢慢符合主管的要求。若是分寸掌握不當，明明是主管不重視的業務，或是對組織貢獻度低的業務，部屬還頻頻回報，只會讓主管覺得部屬不了解業務輕重緩急，甚至感到心煩！

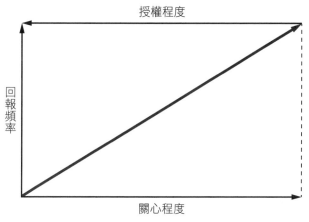

◎ 圖 5-3　業務回報頻率關係圖

(3) 從互動中調整回報頻率

　　聰明的部屬即使一開始無法充分掌握主管的風格與回報頻率，但經歷過一段時間互動後，自然可以從每次業務回報時主管的態度、反應以及關心程度，感受到回報頻率的適當性，並且會自行調整，找到一個與主管間最適當的互動節奏。若是每次跟主管回報，看到的都是主管不耐煩、急於結束對話的態度，那就表示該部屬始終抓不到跟主管之間正確的互動節奏。這樣的情況若繼續持續，主管對該部屬鐵定不會有正面評價，也會開始檢視這位員工的溝通能力。

(4) 如何向主管反應業務負荷過重？

「能者多勞」是職場經常有的現象，受主管肯定、信任及倚重、賦予重任，當然是好事，但有時候也會遇到不堪負荷的狀況，當已經達負荷臨界點或已超負荷時，又再接到主管指派任務時，該如何回應主管，傳達不堪負荷的處境，而且不會影響到與主管之間的信任關係？多數部屬反應負荷超重通常採取說法：

A. 當下直接拒絕主管：「已超負荷，無法再加業務！」

B. 當下不直接拒絕，事後以郵件或當面向主管反應已超負荷。

讓我們先來看看下面這個職場實際個案：

文如是單位資深員工，工作能力受主管肯定，惟因個人因素留職停薪 2 年，復職後為了讓文如有機會爭取好考績，以彌補留職停薪期間績效的影響，與文如商量之後，特別賦予 A、B 兩項重要業務。惟該兩項業務並非同步執行，有週期性，且都必須配合合作單位作業時程，因此任務執行時程並非固定，時程無法全然掌控的狀況文如非常清楚，主管交派任務時也有提醒文如要能因應兩項任務作業時程之不確定性。主管認為這樣的分派一方面倚重文如工作能力強，另一方面則是特別給予文如表現的機會。此外，該兩項任務文如都有執行經驗，而且對於業務內容及執行方式算是熟練，所以理應可以應付。

開始執行 A 任務不久，合作單位告知 B 任務要開始進行。主管接獲合作單位通知時，將訊息及執行期限以 Line 轉告文如，提醒文如注意期限（須於 5 月 15 到 6 月 15 日之間提供規劃書）。文如收到訊息後，直接以 Line 回覆主管：「我這週要處理 A1 任務，下週要處理 A2 任務，A1 及 A2 作業流程要趕出來，我必須花很多時間在上面！可能要 6 月初才有時間處理 B 任務。」

請試著從主管角度設想，接到這樣的回應主管會有哪些想法，是正面感受多還是負面感受多？其一，因為任務時程重疊，造成某段時間負

荷較重，本就在預料之中；其二，文如直白的回應多少有抱怨業務負荷的意味，也讓主管擔心文如難擔大任；其三，是否應該再訓練其他同仁承擔重要任務之能力？

在主管心中出現上述這些想法時，腦中頓時閃過一位新進同仁，該同仁到職僅 3 個多月，但已展現積極且負責的工作態度，頗獲主管欣賞。因此，主管馬上找該位同仁商量，詢問他是否願意承接這項有時間性的新任務？

該同仁果如主管預期的，雖然是全新業務且有急迫性，但還是一口答應承擔。於是，主管馬上告知文如，既然她覺得超負荷，必須延後處理 B 任務，但延後處理有風險，基於這些考量，已商請另一位同仁接管 B 任務。文如聽聞主管的決定當場並無如釋重負的反應，反而露出些許悔意，似乎不是很樂意該項任務移交其他同仁，但也不好收回自己已向主管表達的話，主管則正式指示業務進行移轉。

文如的悔意似乎反應她「測試主管底線」的誤判！很多經驗豐富的主管非常重視員工的「風險管理」，雖然倚重資深人員，但也時時留意員工的替代性，不願意被資深員工「綁架」，文如這次直白的回應恰巧提高了主管的警戒心，文如與主管之間的信任關係很顯然打了折扣！

回到本段開頭討論的，該如何回應主管，可以傳達不堪負荷的處境，而且不會影響到與主管之間的信任關係？建議在前述兩種表達方式之外，還可以嘗試下面的處理方式：

C. 直接找主管表達：「很感謝主管給予重要任務，我很希望能將兩項任務順利完成，但因為目前 A 任務正在作業高峰期，非常忙碌，我會儘快處理 B 任務，若負荷確實過重，是否必要時再跟您請求協助？」相信大多數主管可以接受這樣的表達，也會對這樣願意承擔的部屬給予充分支持！

茲以表 5-3 分析各種溝通內容的影響：

表 5-3 溝通內容的影響

回應主管方式	主管感受	對上溝通之影響
當下直接拒絕主管:「已超負荷,無法再加業務!」	• 讓主管難堪 • 讓主管留下強勢、業務承擔缺乏彈性之印象	• 印象下修 • 不會優先考慮容易表現績效之業務
當下不直接拒絕,事後以郵件或當面向主管反應已超負荷。	• 將難題丟給主管 • 自我挑戰不足	• 印象下修
直接找主管表達:「很感謝主管給予重要任務,我很希望能將兩項任務順利完成,但因為目前 A 任務正在作業高峰期,非常忙碌,我會儘快處理 B 任務,若負荷確實過重,是否必要時再跟您請求協助?」	• 理解部屬之負荷及願意承擔的態度 • 溝通及表達方式沉穩	• 給予部屬充分支持 • 日後委予重任

 職場放大鏡　掌握溝通時機

◆ 案例情境

1. 益民是襄理的職務代理人,襄理交代益民負責一項重要業務,該業務在執行期間必須配合上層單位的指示,提供單位的成果報告。

2. 某日,上級主管告知襄理,所提供的成果報告內容不當,將影響到績效評核成績。襄理乍聽之下相當震驚,內心想單位的績效很好,怎會發生這種狀況?

3. 襄理立即向益民盤問詳情,以及追查所謂「不當」的內容。

4. 經查之後發現:

   (1) 該內容是在襄理請假期間益民提供給上層單位,提供的時機是在一個緊急狀態,益民提供了一份重要卻錯誤的數據。

   (2) 益民提供了錯誤數據自己並未察覺。

(3) 襄理請假結束歸位上班時，益民並未向襄理報告提供該份數據之事。

5. 為了補救誤植的資料，襄理跟上級爭取時間補正資料，親自操刀，並且對提供的錯誤資料做了補正說明。

6. 益民對自己犯下的重大疏失並沒有明顯的認錯作為。

7. 為了防範再發生類似情事，襄理召集單位同仁說明這次的疏失，也提出應改進之處，希望益民記取教訓，不再犯同樣錯誤，同時也告誡其他員工以此為借鏡。

◆ 案例分析

1. 若非主管及時搶救，益民所犯的疏失將對單位造成重大傷害，身為職務代理人，益民的警覺性顯然相當不足！

2. 過程中有幾個關鍵時點益民錯失溝通時機：

   (1) 益民初次提供資料時即應向襄理報告及確認內容後，才能送交資料。

   (2) 雖然因為狀況緊急，在未跟襄理確認的情況之下就送交資料，那就應該在資料送交後再行確認資料之正確性，即時更正。

   (3) 已經錯過前述兩個時點的溝通時機，益民應該在襄理請假結束回到工作崗位時，立即主動報告並確認資料妥適性，讓襄理在這個時點即時發現資料訛誤，主動向上級提出更正。

3. 整個過程益民最大的誤失在於業務警覺性與判斷力均不足，並且也因為不樂於與主管溝通而錯過確認、更正資料時機，幸好主管機警補救，否則鑄成大錯將難辭其咎！

4. 職場人務必要培養適當之警覺性與判斷力，在對自己的判斷力與警覺性沒有絕對把握之前，應該展現樂於與主管溝通的態度，多溝通可減少誤解及降低自己犯錯的機會。

(5) 特殊需求

有些特殊情況必須特別考量與主管的互動，例如：

A. 新進員工：新進員工為儘速進入狀況，應多主動跟主管互動，也讓主管儘快認識新員工。

B. 新主管上任：新主管上任為儘速掌握業務，部屬應多主動跟主管互動，讓主管儘快認識部屬、掌握業務營運狀況，資深員工對於業務知識與單位歷史的掌握度高，是新主管急於諮詢的對象，有概念的資深員工應該主動與新主管互動，協助主管儘速掌握營運狀況。

C. 業務出狀況時：原本無須經常回報的部屬，一旦業務出現重大狀況或誤失時，必須立即調整與主管互動頻率，若是出狀況還堅持不與主管多互動，這樣的部屬只能稱得上白目鐵齒！

D. 主管已經在跟催進度的業務：主管已經主動跟催進度的業務想必無論業務大小，必然有其重要性。部屬應提高警覺，積極執行並主動密集回報，很多敏感度不夠的部屬，經常在這方面表現遲鈍，甚至可以認定為相當不「善解人意」！主管主動詢問跟催的業務，即使執行進度不理想，也不宜遲不回報，必須掌握主管的步調，知道何時應該回報，即使回報的進度不盡理想，至少比不回報好，必須讓主管感受到你已「積極處理中」，若是因沒有好進度就不回應主管，讓主管耐不住性再度詢問時，得到的又是不理想的進度，這時候主管必定給予部屬「執行不力」的觀感，更何況主動回報時還有可能從主管那裡得到指導或協助。職場上還經常發生很多情況是，主管跟催的業務部屬必須再詢問其他人員，在詢問其他人員有拖延時，部屬就卡在那裡，成了不回報進度的理由，這種理由通常主管不能接受，「卡在那裡」基本上等同於「執行不力」，主管主動跟催已經顯示其重要性，應該還是要主動密集回報。總之，讓日理萬機的主管還要費心為某件業務，尤其是重要的小業務，不斷跟催詢問進度，這種情境會讓主管對部屬不信任、不放心，也覺得不夠貼心，在商業溝通上絕對是不可取的！

3. 業務回報方式

向主管回報之型態可以採取「當面報告」以及「書面回報」形式，採用何種方式也要因事制宜，並配合主管風格與習慣，必要時要綜合兩

種方案，如何抉擇很難有共通原則，要根據業務性質、重要性、急迫性及主管重視度，以及主管風格而定。以下僅提供一些參考原則：

(1) 重要業務面報與書面資料同步

重要業務勢必為主管特別關注，且對組織有高度貢獻與指標性，業務同仁要能掌握適當時機回報，除了當面向主管報告之外，還需準備完整且精簡的書面資料，以方便與主管討論以及提供主管決策之重要參考資訊。

(2) 善用書面呈報或搭配電子郵件方式回報

有些主管忙於會議及向外拓展業務，在辦公室的時間很有限，所以可以提供部屬面報的時間相對有限，這些主管通常會運用行動商務工具觀看郵件及訊息，針對這類型主管應善用電子傳輸方式，進行請示或提供書面說明資料，當然，所提供的訊息必須相當明確與精簡，那麼忙碌的主管不可能有耐心觀看長篇大論與冗長文字，對於語焉不詳、內容含糊不清的請示會非常反感！

(3) 妥善運用即時溝通平台

當今 Line 等即時通訊平台相當風行，善加運用這個工具可以加強溝通效率，但是運用上仍有其限制，例如，當所溝通的事務很複雜時，需要很多討論才能達到溝通目的時，用 Line 不盡然是有效率的溝通模式。需要運用長篇大論說明的業務並不適合使用 Line 進行溝通，若是部屬不懂分寸，無論是單純或複雜業務均一味以這種方式進行回報，會給予主管「不知變通」的觀感，更嚴重的是會讓主管感覺這個部屬用這種溝通方式迴避與主管的當面溝通。這時候，應該採取當面報告方式進行溝通。

（四）請假是既有「權利」？

辦公室「請假」也展現部屬處事的貼心度，向主管請假最忌諱的是給主管「我有假，我就是要請！」的觀感，這種觀感顯露出敬業精神及

工作熱忱都不足！請假雖是人事規章中允許的員工權利，但是有責任心的人在行使這份權利的時候，會秉持謹慎且溫和的態度，讓主管感受到雖然不得不請假，但是仍會善盡職守，對負責的業務有所安排及交代。請假的狀況有以下幾種：

(1) 事前請假

事前請假而且是在請假額度之內，基本上是最沒有爭議的，但是還是要看業務處理進度而定，若是在業務進度正常，也都交代清楚的情況下請假，主管理應沒有意見，即便是這樣，比較貼心的部屬還是會先當面跟主管請假後再送假單；有些時候因為私事不得不請假，可是業務進度其實並不順暢，甚至請假當天還有重要業務必須處理，這時候只好硬著頭皮主動跟主管說明不得不請假的理由，很誠懇的表示歉意，請主管體諒。當然，針對當天必須執行的業務務必事前找到同事代理，或是找到替代方案，這些安排也要主動跟主管說明，而不是讓主管來詢問。

(2) 臨時請假

因為臨時狀況必須請假，若是在辦公室當然要當面跟主管請假，若是主管公出或休假，也應先電話跟主管請假；若是在上班前發生臨時狀況，當天無法上班，必須跟主管直接聯繫，請主管准假，很多不喜歡與主管親近的人喜歡透過同事跟主管請假，這樣的處理方式顯現出對主管的不尊重，既然可以聯絡同事請假，為何不能直接跟主管請假？既然不得不請假，就沒有藉口逃避、閃躲主管！

(3) 請長假

遇到個人特殊狀況必須請長假，必須提早跟主管報告，請求支持與體諒，當然也要對於請假期間業務的代理與安排，很誠懇且主動的跟主管討論，除了要清楚表達不得不請長假的理由，還要讓主管感受到你對工作的關心與掛心。

(4) 請連假

有些員工經常在正常休假天之前後請假，偶一為之無可厚非，若是經常如此，主管必然有所感。對大部分行政型及服務型業務單位而言，員工經常請連假給主管的直觀是「不敬業」，不把工作擺在重要位置，認為只要在休假天數額度內，就可以完全行使請假權利，面對這種員工，主管可能礙於規定，勉為其難核假，但是在主管心中，已對這種部屬的敬業態度及工作投入程度給了負面評價。

 職場放大鏡 **請假無罪？**

多數職場人認為依照單位的規定完成事前請假流程，就有權利可以放心的休假。但是，若從主管及團隊合作的角度來看，從請假核准之後到真正開始休假之前，員工可以有哪些作為不但讓自己可以安心休假，而且可以讓主管感到貼心，在對上溝通方面加分呢？以下列舉兩個正反個案。

◆ 案例情境 A

以晴一週前完成電腦請假流程，週五休假一天，休假那天以晴負責的業務並沒有特別要處理的狀況，也就是休假一天對業務並無太大影響。但是，週四下班前以晴還是用 Line 傳給了主管訊息：「處長您好，本週五我安排補休一日，謝謝。」

週五一早主管看到訊息立即給了回應：「謝謝您告知我休假的事，確實我無法記得每位同仁休假請假的時間，有提醒會讓我心裡有底，我覺得您這樣的習慣很好。祝您今天休假愉快！」

◆ 案例情境 B

呈祥依照規定事前完成兩項電腦請假流程，週四公出開會一天，週五休假一天。在週二單位開會時呈祥輕描淡寫的提到週四有約廠商來安裝新採購設備（該項安裝作業並無急迫性），給大家的感覺安裝作業應該是件

（續下頁）

小事，該項業務主管指派呈祥負責，因為該業務需要相關專業背景配合。不料，週四當天廠商來安裝時主管才發現呈祥當天公出不在辦公室，而該項安裝作業其實需要有同仁搭配，才能完成安裝作業及驗收。幸好辦公室有熱心同仁主動幫忙配合廠商，但是發現有好幾個地方需要有比較專業的判斷，該同仁無法決定，其他同仁似乎也無法抽離本身業務來配合，只好驚動主管親自處理，結果主管被迫擔任承辦人角色，花了半天時間配合廠商完成設備安裝，這樣的事務由主管親自來處理在層級上並不妥當，其他同事自然也不樂意臨時支援。主管一方面對呈祥當天無法親自處理感到不悅，接著又發現隔天呈祥又休假一天，心裡想著呈祥這段時間負責好幾項業務，每天必須經常處理回應外部顧客之詢問，連續不在兩天，接著又是連續例假日，業務果真不受影響？

◆ 案例分析

1. 部分職場人以為按照規定請假就可以放心休假，不管自己負責的業務發生什麼狀況，都可以因「合法的不在場證明」而擁有「歸責豁免權」！事實上，從「責任感」的角度來看，這樣的情境在對上溝通的評價上有相當大的討論空間。

2. 從溝通角度來看，這個個案有兩個溝通盲點：

   (1) 主管核准員工請假之時不盡然會去一一查核員工請假的時間與該員工業務的關聯性，主管通常假設員工請假前已自行確認請假不會影響業務，或是會影響業務，但因不得不請假，所以已自行尋求適當代理人選，可以妥善代為處理業務。

   (2) 最重要的是，主管核准假之後也不太可能去一一記住哪天有哪些員工請假，但是員工通常以為請了假就沒事了，這是對上溝通經常發生的盲點。最糟糕的是，當員工前後分別請的假其實是連續的，這點只有員工自己清楚，主管並不清楚，但是連續請假對業務必定造成某種程度的影響，尤其代理人制度沒有確實執行，代理人無法發揮完全代理之責時，業務出包的機率將提高。

3. 案例 A 是很正向的對上溝通個案，在沒有影響業務的前提之下，以晴很貼心的提醒主管休假的事，主管也立即給了正面回應，雙方互動關係立即加了分，主管顯然很贊同以晴的貼心與展現的職場禮數。

4. 案例 B 的呈祥在工作態度及對上溝通上展現幾個誤失：

(1) 公出當天安排了廠商來安裝設備，因自己不在場造成其他同事及主管的困擾，有可能是呈祥誤判情勢，以為安裝作業很簡單可完成；也有可能是呈祥責任感不足，認為雖是自己負責的業務，但因已有公出核准的令牌，所以可以不用對當天的安裝作業負責。若屬前者，誤判情勢其實也反應出責任感不足，而展現完全責任感的作法是，明知自己當天公出，就不應安排當天安裝，更何況該項安裝作業並無急迫性。

(2) 公出一天隔天再休一天假，接著是週六日例假日，這樣的連假狀況不免讓主管擔憂，員工必然很清楚自己連休的事，但卻沒有事前提醒主管！即便個人有很絕對的休假需要，比較周延的作法是在前一天跟主管面報，讓主管了解連續 2 天不在，而且有安排安裝業務，有了這樣的事前報告，即使公出及休假，還是得勞煩主管及同事協助處理安裝作業，但因有足夠的溝通，會讓主管對呈祥的責任感評價不致大打折扣；更好的作法是，主管可能會指示安裝作業改日進行，這樣造成的困擾將大為降低。

(3) 呈祥雖然依規定公出及休假，但是這個個案可以看出帶給主管及同事的困擾，以及對上溝通不夠周延，讓主管對呈祥的評價想必打了折扣！

(4) 週休二日的制度使得執行業務限縮在一週只有 5 個工作天，在這種制度下，例假日前後的公出及休假都應有清楚的交代，若是連續休假更宜加倍謹慎處理，這是對上溝通，也是職場禮儀。

（五）與主管同心

　　「與主管同心」及「與主管對立」是截然不同的、兩極化的關係，不容置疑，沒有一個主管喜歡與他對立的部屬，能展現與主管同心的部屬自然是主管左右手，最信賴、倚重的人，當然，要建立這麼優質的關係並非易事。

以下提供幾項參考作法：

1. 展現對主管的支持

在業務上有很多機會可展現對主管的支持：

(1) 認真達成主管分派的任務，就是對主管最直接的支持。

(2) 展現對工作的責任心，積極任事，試著從主管角度主動關照單位營運相關之重要事務，分擔主管的壓力。

(3) 主管與同事間有爭執或嫌隙時，不置身事外，不看熱鬧，更不火上加油，能以關心的態度居中調解，擔當主管管理上的緩衝角色，緩解管理上的壓力。

(4) 表情反映心態：主管交代部屬和其他部門協商與部門利益相關的事務，協商結果失敗，部屬向主管報告協商結果時，應該帶著怎樣的表情較能表達與主管同心呢？是笑嘻嘻的臉？還是失望、面帶愁容的臉？失望愁容的臉表現出與主管同樣關心、在乎部門利益，而笑嘻嘻的表情反映的是事不關己，甚至讓主管有看熱鬧的感受！是否與主管同心，也許由內而外展現出的表情與態度，主管一目了然，也在心中為部屬的忠誠度打下分數。

2. 體貼主管

隨時關心主管需要，盡可能提供協助，小自幫忙買個便當、遞個咖啡，大至主動幫忙查詢主管可能有需要的業務情報，無論是分擔主管勞務、心力或情緒，都是體貼、窩心的表現。真正貼心的部屬必定相當善解人意，總是能與主管同心，主管開心時能與之分享，主管壓力大或憂心時，也能表現體貼主管情緒的態度，雖不盡然能分擔，但至少可以表現支持的態度。

有些部屬把自己的角色與任務跟主管切割得很清楚，以為把自己的工作完成，就達成在辦公室的任務與角色，主管任何與他無直接相關的事都不關他的事。所以當主管因為業務陷入忙亂，或是正在趕一份重要

簡報時，這些所謂「不相干」的人可以在一旁談笑嬉鬧，這種態度主管想必看在眼裡、記在心裡。

　　辦公室聚餐時也是向主管表達貼心的好機會，切忌冷落主管、讓主管旁邊座位空著，也不要自顧自與同事猛聊天，或是不停滑手機，即使平時風格嚴肅的主管，應該也不喜歡聚餐時看到部屬刻意的迴避或冷落。其實，聚餐是一個親近主管的好機會，無論職位高低，都應把握這個機會好好與主管親近，把握在沒有業務壓力的情境多與主管聊聊。

◎ 圖 5-4　把握辦公室聚餐與同事交流、親近主管的機會

3. 不要看主管熱鬧

　　主管出狀況或跟某些同仁處不好、發生爭執時，其他同仁不要一副看熱鬧的態度，更不應火上加油，要能夠表現出跟主管站在同一邊，即使沒有能力幫上主管忙，也無法調解主管與其他同仁之間的衝突，但是至少要在態度上或言語上，給予安慰或表現支持，如此自然可以展現與主管同心。

4. 給主管台階下

　　執行業務過程出狀況，或是與主管意見相左時，聰明的部屬在釐清原委之後，發現是主管考慮不周或誤判時，不會一再爭個是非黑白，除

了適度保護自己之外，不會執意要將是非與對錯攤開，甚至會很巧妙的低調緩頰，給主管台階下，大部分主管夠聰明到看出自己的疏失，並且也會感激善解人意、寬厚處理的部屬。

5. 切忌背後批評主管

與主管不合，背後經常批評主管，這是很多職場人常有的行為，這種行為隱藏很高風險，尤其切忌背後對主管做人身攻擊，一旦被揭發通常要付出很高代價！

溝通小 Tip

我們絕不該低估溝通的力量，也不該習以為常。我們絕不該低估適當時機說出適當的話，其影響是多麼深遠！

 職場放大鏡 搶話時機

◆ 案例情境

1. 宜珍跟田處長因執行計畫之需要（處長擔任該計畫主持人），一起出差赴 H 大學進行查訪，配合業務之相關性，H 大學學務處最高主管金學務長親自接待，一行人互動良好。查訪流程為先在會議室進行簡報，之後再赴現場進行查訪。

2. 金學務長親自針對考察事項向考察委員（考察委員為一位外聘專家與處長共同擔任）做簡報，田處長仔細聆聽簡報，對於簡報提供之統計圖表有小疑問，該疑問攸關學校學制，但由於考察時程之安排無法立即進行詢問。

3. 在實地查訪過程，田處長利用空檔向參與晤談之學校教師提出該疑問（田處長認為學校專任教師必定了解學校學制），但田處長話一出口，

在旁的宜珍立即搶話：「這問題應該不是歸這位老師管的！」雖然那位老師立即給了田處長明確答覆，但田處長還是感到一陣尷尬！

◆ 案例分析

1. 姑且不問宜珍插嘴的內容是否正確，但是插嘴搶話的時機、場合、角色皆不恰當，違反職場倫理！

2. 這是一個對外的查訪活動，田處長以計畫主持人及查訪委員的身分，向受訪學校的簡報內容提出疑問，完全符合角色與立場，在詢問過程中，身為處長的承辦人居然當眾搶話反駁主管問錯人，宜珍的表現在對上溝通及對外應對的表現均不合宜！再者，宜珍以初次承辦該業務的新手角色，如此直接不加思索的搶話，呈現出直白且唐突的不當應對！

3. 事實證明田處長並沒有問錯人，詢問之後也得到完整的回覆。

4. 倘若宜珍判斷處長確有問錯人的疑慮時，還要再進一步判斷情況嚴重程度，倘若真有必要跟主管澄清，也不宜當眾回應，頂多只能低調走到處長身邊小聲提醒。

5. 職場人（尤其是職場新手）要多學習應對進退過程分寸的掌握，千萬不要高估自己的判斷力，尤其與主管共同出席公開活動，更應謹言慎行，切記言多必失！

（六）向主管學習

大多數主管都有部屬可學習的地方，然而，很弔詭的是，許多部屬習慣批評主管、給予主管負面的評價，甚至將主管批評得一無是處，認為主管不如自己！這樣的主雇關係絕對無法維持長久，終究會以負面方式收場。聰明的職場人應該要用理性的態度看待主管，多從主管身上挖掘學習素材，向主管學習，才能建立正向的關係。

1. 不要用自己的強項看待主管的弱點

很多員工不認同主管，問題在於要求主管面面俱到，也習慣用自己的強項來貶低主管的弱點，把主管批評得一文不值！能言善道的部屬瞧

不起不善言詞的主管，殊不知主管的強項在於溝通協調以及危機處理；腳踏實地做事的部屬不認同擅長揣摩上意的主管，用逢迎、諂媚等評語否定主管，他們忽略了揣摩及體察上意是爭取上層支持的重要特質；學識高的部屬瞧不起學歷不如自己的主管，忽略了低學歷的主管之所以能夠坐在現在這個位置，必然有學歷之外過人的特長或優勢。

2. 不要用放大鏡看主管的弱點

　　沒有十全十美的人，包括主管！部屬不應該用放大鏡看待主管的弱點或誤失，用放大鏡看待主管的弱點通常是一種偏見，只會破壞與主管間的信任關係，以及削弱自己的服從性與工作的動力。更糟的情況是，一個同事對主管有偏見，經過同事間的帶動與渲染，很容易引發多位同事共同鄙視主管，與主管為敵，結果是營造出整個辦公室很不友善、不和諧的工作氣氛，最後通常是主管與部屬雙輸，或是部屬退場的結局！有智慧的職場人不得不謹慎，要冷靜、客觀的看待同事對主管的批評，即便其批評有理，隨意加入批評與反主管的行列絕非明智之舉！

3. 見解與主管不同時

　　有能力、有主見，而且對業務有積極性的人，很有可能經常會在業務推動方向，或是執行策略與作法上，與主管有不同見解。這樣的部屬很可能有主見、有能力，但是卻在陳述自己的見解時無法得到主管認同或支持，主要原因可能有二：(1) 提出自己的見解時態度過於強勢；(2) 提出見解時機不對。前一種情況主管或許心中認同你的想法，但是因為你的氣勢過高，讓主管沒有台階下，所以主管表面上呈現出的是保留或不支持的態度；後者也是同樣情況，在對外與顧客協商時部屬自行提出與主管截然不同的意見，讓主管尷尬甚至錯愕，這種情境通常會讓主管對部屬產生戒心。有能力、有主見的部屬要慎防「功高震主」，大部分的主管確實需要部屬貢獻能力與意見，採取適當的態度與時機提出建言，讓自己的貢獻真正得到主管的認同與賞識，才能讓能力成為職場的

加分題，而非減分題！我們無法期望遇到的每位主管都有高度包容性，與主管溝通雖不至於要「大智若愚」，但是「低調為上」通常是比較安全保守的策略，能力強的職場人應慎思！

從另外一個角度來看，部屬在對外協商場合發現自己看法與主管不同時，可能要再謹慎思量，看法不同是否因為主管的立場與考量角度不同，很有可能主管確實有不同或特別的考量，而且不便在溝通現場說明，在這種情況下，若是部屬不明就裡直率的提出自己的高見，讓主管難堪，那將是一個相當不智，甚至魯莽的表現！若能事前多做功課，多跟主管溝通，了解主管的態度與協商目的，可以避免很多溝通誤失。

溝通小 Tip

部屬與主管共同參與對外會議時，切忌在主管發言之後自行對主管發表的內容進行口頭補充，真想表達意見，應私下先行向主管說明，徵得主管同意，由主管邀請才發言。

（七）擺臭臉及冷回應是溝通大忌

職場如戰場，職場人除了業務本身的壓力之外，肩上通常還要扛著來自家庭或生活的種種壓力，情緒上難免有失控的時候，但是，主管並沒有義務要體諒和包容部屬不當的情緒表達。尤其是對於有能力又認真的主管，即便已經扛著沉甸甸的業務壓力，仍然每天精神奕奕，強將底下無弱兵，面對這樣的主管，部屬更要加強自我情緒的管理，不宜將自己的情緒發洩到主管身上，傷害彼此的關係！

一般職場人情緒失控可能來自幾個方面：(1) 業務繁忙；(2) 自己家庭有狀況待處理；(3) 遇到不好處理的顧客，當這些壓力一起到臨時，即便是平時工作狀況不錯的人，所負責業務也平穩進行，但是負面情緒卻在不知不覺中隱隱擴大，外顯出來的是在跟主管溝通互動時，從表情

及語氣中顯現出冷淡與厭煩的負面情緒,當下部屬通常「自覺」到自己的負面表達,卻同時也在內心裡幫自己負面情緒找到合理化的藉口,例如,因為難搞的顧客是主管提供的,就認為可以將情緒發洩到主管身上!這樣的情緒發洩雖然有其緣由,卻不是正向的商業溝通方式。應該要自我做情緒的調適,難搞的顧客既然是主管提供的,必然有其理由,顧客難搞主管也應有所認知,面對與這樣的顧客互動時更應學習展現智慧,不得罪對方,也能和顏悅色的跟主管報告與顧客溝通過程遇到的困難,也就是,要讓主管知道顧客難搞、業務難做,不需要擺臭臉,也不應冷淡回應主管,這些負面表達方式只會傷害與主管間的關係,也會降低主管的信任度。用正面的態度因應,謙和的表情與語氣表達,讓主管了解你的處境,也讓主管看到你處事的周延與貼心。

溝通小 Tip

　　我們通常自覺到自己負面的情緒表達,但同時卻也在內心裡幫自己的情緒發洩找到合理化的藉口!

溝通小 Tip

　　對上溝通大忌:對有能力又認真的主管擺臭臉及冷回應!
　　對上溝通利多:謙和的態度與溫暖的語氣。

二 業務失誤

　　工作失誤難免,重要的是面對失誤的態度與補救。然而,許多職場人面對失誤呈現的態度並非正面,積極性也不足,面對失誤的態度與處理,會影響未來與主管的關係。

表 5-4　業務失誤時處理準則

採取行動	處理準則
勇敢說「抱歉」！	• 自我檢視，操練「勇於認錯」之修養，業務一旦有誤失，無論誤失大小，都應很有風度、有誠意的跟主管說聲「抱歉」。 • 若是犯錯卻堅持不認錯，則犯錯加上不認錯，只會加深與主管之間關係的裂痕。
主動找主管談，謙虛的請求協助	• 向主管說明原委，謙虛的向主管請益如何補救。 • 只要展現誠意，通常主管會提供有效的補救方案，犯錯的人也可利用機會學習。
找到具體改善方案，訂定改善目標與進度	• 知錯能改，犯錯或許只是小減分，改善後學習、補強原先不足的弱點，反為自己未來大加分。

（一）失誤發生時之處理原則

1. 勇敢說「抱歉」！

犯錯時，「說不出道歉的話」似乎是新世代年輕上班族普遍的罩門！簡短的「抱歉！」、「sorry！」看似簡單，很多人卻說不出口，可能是過高而不切實際的自尊心作祟，也可能是「愛的教育」下嬌寵養成的傲慢性格使然，無論如何，犯錯不知錯或不認錯，給予主管的絕對是負面觀感與評價！上班族應時常自我檢視，操練「勇於認錯」之修養，平時自我警惕與練習，業務一旦有誤失，無論誤失大小，都應很有風度、有誠意的跟主管說聲「抱歉」，只要一開口，通常主管就已經諒解一半，若是堅持不認錯，則犯錯加上不認錯，只會加深與主管之間關係的裂痕。

2. 主動找主管談，謙虛的請求協助

發現犯錯時，積極的作為是主動找主管認錯，向主管說明原委，並謙虛的向主管請益如何補救。只要展現誠意，加上平時與主管維持正向關係，通常主管會提供有效的補救方案，犯錯的人也可利用這樣的機會學習。

3. 找到具體改善方案，訂定改善目標與進度

知錯能改，並且能找到有效改善方案，訂定目標且務實執行，此次犯錯或許只是小減分，改善後學習、補強原先不足的弱點，反為自己未來大加分。

 職場放大鏡 　**掙脫過度的自主意識，職場新手去標籤化**

當今年輕職場新手經常被貼上「自以為是」、「自主性強」、「不懂職場倫理」的評價，甚至在進入職場後很快被貼上標籤，雖說主管應體察世代落差，不能全用上一代的標準來看待及要求下一代，但左看右看，當今職場中新人在與主管應對過程中，被主管貼上負面標籤的案例並不少見，如何去標籤化？需要更多自我檢視與提醒！

📝 **案例情境**

建良雖已有 2 年工作經驗，但到任現職甫 4 個月，被交派承辦一場約 25 人參加的小型說明會，主管對他平時的執行力並不滿意，因為約 1 個半月前辦理一個活動出過挺大的包，起因於建良行事不夠謹慎周全，以致聯繫上有誤失，這次雖然不是大型活動，而且比上次活動規模更小，但為防範他再次出包，特別指派單位另一位同仁小倩在活動現場協助他。活動預定於下午 14：30 開始，報名參加說明會者於 14：00 後開始簽到入場，活動邀請貴賓及主講人共 4 位，座位安排在會場座位第一排。14：15 單位主管丁處長到達現場，第一時間查看來賓簽到情形以及貴賓座位安排，獲悉來賓已報到 9 成，但看到 5 位貴賓座位未放置茶水，馬上找來建良及小倩，交代其立即幫貴賓準備茶水，並告知以往都有準備。豈料建良這樣回主管：「我覺得時間來不急！」丁處長回他：「應該不會來不及吧？只要到會場旁邊超商（來回路程約 10 分鐘）買 5 瓶礦泉水並請辦公室同仁（2 分鐘路程可抵達）送來 5 個紙杯，即可處理！」並接著告知：「目前簽到已快完成，你跟小倩兩人只需一人留守，一人可以去準備茶水。」但主管這樣的說明及吩咐並未得到建良正面回應，他依然堅持無法臨時準備茶水。

　　建良的回應讓主管內心著實不舒服，但備茶水一事不能不處理，而且這樣的溝通又花掉 5 分鐘時間，只剩 10 分鐘可以處理，於是主管決定自己處理。主管快步 1 分鐘走回辦公室請同仁馬上到超商購買礦泉水，並送到說明會會場，並且請另一位同仁找到 5 個紙杯，主管拿著紙杯衝回會場，過不久礦泉水也送到了，備茶水工作順利在 12 分鐘內完成，活動通常都會延遲 5 ～ 10 分鐘開始，貴賓則通常是活動要開始才入場，所以在活動開始及貴賓到達前茶水已備妥。建良跟小倩目睹這一切過程，這 10 幾分鐘期間，他兩位其實一直站在報到桌前，並不忙碌。

　　隔日，丁處長為了確定自己對時間的判斷沒有太大誤差，同時也想了解這件事情的判斷上是否有所謂的世代落差，於是單獨找來小倩到會議室談，問她覺得昨天說明會在那個當下要臨時準備 5 位貴賓茶水真的來不及處理嗎？小倩很快答覆：「不會呀！那時我們兩人要有一個人走開去準備茶水沒問題呀！若是走不開，也可以打電話請辦公室同事幫忙。」主管再問：「不管來不來得及，您覺得幫貴賓備茶水這件事情該不該做？」小倩也是立即回答：「當然應該！」至此，丁處長大致確認自己的判斷及要求都沒問題，這個小事件加深主管對建良的負面觀感：「主觀、自以為是、不把主管放眼裡的菜鳥新人！」

◆ 案例分析

1. 建良直白的拒絕主管交派任務，至少顯現幾個問題：

   (1) 以一個職場新人而言，直接當場拒絕主管交派的任務，這樣的直白反應絕對不可能讓主管對他有謙虛、負責的好觀感，基本上這樣當場拒絕已經讓主管在情緒上非常不悅！

   (2) 事發之前不久建良才出過包，這次又這樣的反應，顯示建良完全沒有從上次誤失檢討缺失、記取教訓，對於自己在嚴謹度及對事況的判斷上能力不足，並無自覺！

   (3) 他同時也沒意識到主管已經對他不信任，一個小活動也需要找其他同仁來協助他。

（續下頁）

(4) 整體而言，建良展現出不謙虛、不周延，以及職場敏感度相當不足的性格，從主管角度來看，連這樣的小活動都可以顯現這麼多負向性格，怎可能委以重任？加上建良居然可以新人之姿公然違逆主管指派，已經嚴重挑戰到主管的權威，這樣的部屬不僅不受主管青睞及信任，通常主管也沒耐心教導。

2. 正確的溝通：

(1) 建良在第一時間接到主管交派時，若是自己判斷時間緊迫，可以這樣方式回答：「好的，但時間好像有點趕。」主管聽到這樣的回答時應不至於有不悅，反而會安慰他：「沒關係，可以請小倩幫忙跑一趟，不然也可以 call 辦公室同仁來協助。」

(2) 建良拒絕任務後，看到主管自己搞定時，應該在活動結束後主動向主管道歉並承諾下次交派的任務必定竭力完成，若能這樣善後，相信主管會再給機會表現。

3. 建良的改進方向：

(1) 需要更謙虛的心，以及服從的態度，服從的背後需要培養對主管的信任感，信任主管的判斷，繼而聽從主管指示。

(2) 溝通過程需要更高的傾聽能力，才能掌握主管所表達的重點：「以前都這樣處理的！」表示「這件事情是應該的、必要的」，既然如此，就應該想辦法完成。

(3) 顯然，訓練傾聽能力之前必須掙脫過度的「自主性」，職涯發展需要不斷傾聽，傾聽主管、傾聽顧客，唯有培養高傾聽力，才能與主管及顧客進行更有效、更好的溝通。

溝通小 Tip

不要自做假設，鼓起勇氣提問，表達清楚自己真正的心意，盡可能徹底溝通，以避免誤會、傷害及尷尬。光是這點，就能讓你徹底改變一生！

三　新主管上任

新主管上任通常與員工有一段磨合期，新關係的建立同時也面臨考驗。有警覺性的員工應該要在以下幾個方面特別留意與自我提醒：

1. 換個腦袋做事

主管更動通常必有其緣由，為何要更換主管？為何換這個主管？新主管與舊主管的差異性？仔細推敲這些問題的答案，不難可以理出些端倪。然而，幾乎可以確認的是，更換主管時通常部屬要換個腦袋做事。新主管可能會調整業務方向、有新管理方式、新人力佈局，所以部屬必須要儘速調適心情與態度，跟上新主管步調，配合新主管風格。

2. 儘速建立好關係

新主管上任若沒有主動調整人力，表示要進行一段時間的觀察，所以這段時間就是部屬好好表現，以及儘速與新主管建立正向關係的黃金時機，愈早與新主管建立好關係，愈有機會成為主管信任的人。

新主管通常急於從舊團隊中找到信任的部屬，所以部屬要把握絕佳機會。有些人會採取送禮、請喝咖啡的方式刻意的對新主管釋善意，這種作法顯得很刻意，對喜歡逢迎諂媚的主管或許管用，但對於務實做事、想要在新工作有番作為的主管來說，有時適得其反，不但讓主管有防備，也可能引起其他同

🌀 圖 5-5　以留言條補充說明，是對新任主管的友善與貼心表現

事反感。其實，想要對新主管表達善意，可以從很多工作上的細節下功夫，例如：在主管搬遷辦公室時主動提供協助；主管剛上任，批公文時必定對業務有很多不清楚的地方，貼心的部屬會適時黏貼便條紙簡單扼要的補充說明，讓主管不須一一詢問，就能更快速掌握業務狀況；細心

的員工從新主管辦公室的佈置可觀察出很多主管習性及風格，也可以很容易看出新主管與前任主管風格的差異，自行調整與主管相處的方式，例如：同一個職位的主管，有的主管喜歡在辦公室牆壁懸掛大型裝飾書畫，或是在茶几上擺放自己喜歡的裝飾品；有的主管則偏好簡單、務實風格，不喜歡擺放跟業務無直接相關之裝飾品。兩相比較，前者可能較為講究形式；後者則較明快務實，一切以實效為原則。細心的部屬要能從這些小地方看出端倪，儘速轉換腦袋，找到跟新主管的互動模式。

四 主管異動

　　主管異動時，尤其是主管離開原單位，轉任其他單位時，也同樣考驗到部屬的反應。很多人以為主管要離開了，關係也將斷絕，這正說明為何很多主管要離開前，部屬開始出現冷淡或不理不睬的反應，從職場倫理或人道主義來看，部屬這樣的反應有失厚道，也不夠聰明！即使主管離開後暫時跟原部門無業務關聯，但是，職場上經常上演的戲碼是風水輪流轉，很難預料什麼時候這個主管又再回鍋管理原部門，或者是繞了一圈之後，回來擔任更高階層職位。碰到這種情形，當初主管異動冷淡以對的部屬恐怕很難化解再共事時的尷尬，也對未來在這位更高階主管底下任事的命運很是憂慮！過度現實、短視近利的人很容易會犯這樣的疏失。

　　同樣的道理，當主管異動到別的單位，而且是升職時，原部門部屬的態度也要謹慎以對。比較建設性的作法是要積極對主管釋善意，表現認同與希望繼續維持關係。當主管異動後，想必會有新主管到任，舊部屬不見得可以獲得新主管認同，此時若能與原主管維持正向關係，等於幫自己留一條後路；反之，若在主管異動時就採取冷淡的態度，這就相當於幫自己斷了一條有可能需要用到的路。有智慧的職場人即使無須狡兔三窟，至少應該在主管異動時心態保守、行動積極，幫自己多保留一些籌碼。

五 越級報告

「越級報告」在職場中絕對不是讓多數人拍手贊同的行事原則，但是，不容否認的是，「越級報告」在職場中卻是屢見不鮮！很顯然，職場的運作讓很多人必須或者不得不「越級報告」！「越級報告」的發生可能有一些背景：

1. 部屬不認同主管能力。
2. 部屬想向更高階主管求表現。
3. 部屬疑慮主管的決策或管理，想要保護自己。

不管越級報告的發生原因為何，主管總是握有較多籌碼，所以一旦被揭發，大部分時候部屬都要承擔後果！但是，在某些情況下越級報告卻是不得不為之，當直屬主管很不適任，卻又戀棧職位，甚至濫用職權時，此時有能力的部屬為求生存，只得祭出「越級報告」手段，當然，這樣的手段也有成功機會，但前提是必須很確定，可以得到更高層主管的認同與支持。

🔍 職場放大鏡 ┃ 對上溝通如履薄冰，有賴高職場倫理警覺度

本著工作熱忱與負責的態度必然可以獲得主管肯定，跟主管建立好關係，若跟主管意氣相投，更有機會發展出深厚的情誼，對自己的職涯發展是大加分，但在職場中，總是會看到穩定且良好的主管部屬關係，因某個事件而關係一夕翻轉。

◆ 案例情境

雯茜是一位在大學服務的主管級公務人員，具備專業技能，且跟主管關係良好，深獲直屬主管 B 主管肯定與支持，一路上升官順利，良好的對上溝通維持了 6、7 年。但考驗來了！某次學校接受上級評鑑，被指出重

（續下頁）

大缺失,該項缺失主管單位正是雯茜的部門,最高主管 A 主管很直接指示該部門擬具改善方案,但 B 主管因立場及行事風格的堅持,以及公務人員對所承辦業務職責之自我保護心態,跟 A 主管在處理該項缺失改善的因應方案意見相左,以致某程度激怒 A 主管!惟該項缺失改善涉及層面頗為複雜,非三言兩語能釐清,須再三開會討論協商。這個事件雯茜完全知情,也知悉 A、B 主管間看法的落差。

　　某日,A 主管苦思之後,針對之前與 B 主管討論過的某項方案認為可行性還是很高(但 B 主管對該方案並不認同),情急之下,急於召見 B 主管商議,但碰巧該日 B 主管休假,於是 A 主管找來職務代理人雯茜商討,再次詢問該方案是否可行?雯茜當面回覆 A 主管該方案其實有相當可行性。一週之後,A 主管再邀 B 主管商議,B 主管還是堅持該方案不可行,A 主管當面質問:「職務代理人說可行,為何你一直堅持不可行?」雙方關係再度陷入緊繃!

　　B 主管帶著滿腔怒氣回去當著部門同仁面前質問雯茜,為何擅自做主回報 A 主管該方案可行,造成她跟 A 主管的衝突,讓她當眾受辱!當下雯茜自然招架不住,與 B 主管頓時陷入前所未有的緊張關係,之後兩人關係再也無法回復,陷入完全冰點!

◆ 案例分析

1. 雯茜觸犯的是很典型的職場大忌:越級。「越級」絕對會激怒主管,但越級事件屢見不鮮,在雯茜眼中,A、B 主管都是頂頭上司,依據「服從」原則,理應本著專業正確回應主管的提問,但問題出在,她未警覺到兩位主管已經為此方案有衝突。當 A 主管召見她的當下,她似乎一下遺忘了兩位主管為此方案的緊張關係,完全只從專業回應 A 主管的提問,或是也有可能當下她只想在 A 主管面前表現她的專業判斷,殊不知這樣的表現已經完全破壞她跟 B 主管之間的信任關係,也挑戰到 B 主管的權威,斷送她跟 B 主管之間繼續走下去的機會!

2. 面對這種職場中無可避免的尷尬處境,雯茜可以如何避開對上溝通的風險?

(1) A 主管召見時，當雯茜獲悉 A 主管是要徵詢該項方案意見時，應立即警覺到兩位主管已為該方案有意見衝突，可以試著這樣回應 A 主管：「很抱歉 B 主管休假無法前來商討，但因為事關重大，她是我的主管，我應該尊重她的想法，所以請諒解我真的不便表達我個人的看法！」若 A 主管繼續追問，可以採取閃爍言詞方式，不表達明確意見。

(2) 無論向 A 主管表達正面或反面意見，回到辦公室應立即向 B 主管報告被召見的事，並報告自己如何回應 A 主管；若不小心向 A 主管表達了與 B 主管不同看法時，應向 B 主管表達歉意，因自己一時思慮不周，向 A 主管做了不是很恰當的表達。向直屬主管立即回報這個動作很關鍵，相信只要雯茜補了這個動作，B 主管對她的不滿可以大幅降低。

(3) 在職場中，除了認真負責、建立專業，展現「做事」的能耐之外，更重要的是學習「做人」，苦心經營累積的「做事」正分，極有可能一夕間被不及格的「做人」負分擊垮！在對上溝通的「做人」方面，應細心觀察、體察上意，也要時時警覺主管與更上級主管間的關係及衝突，因為他們之間的火勢不是沒有機會向下層延燒，一旦被波及，傷害自然也是高等級！

六 職場禮儀

跟主管相處時，很多細微的溝通禮儀要注意：

1. 主管交代事情時，部屬的應對語言為「嗯、喔」，不如「是、沒問題、好的」。

2. 主管走到部屬座位談論事情時，部屬是否應立即從座位上站起來，還是不為所動留在座位上，讓主管站在部屬的前面對談？

3. 向主管報告時之應對：有些部屬習慣從自己的思考方向，急於將業務分析的報告一股腦倒給主管，沒有顧及到主管的思考角度與考

量，也就是沒有對準主管所關心的，而是單向式、一廂情願的急於陳述自己的觀點，營造出「雞同鴨講」的溝通窘境，這種情況顯示同仁與主管間的默契不足，而默契其實是良好溝通的基礎！愈是複雜的業務，向主管報告之應對更要把持穩健的態度與語氣，可以簡單開個頭後先行停頓，觀察主管的回應及關注點後再繼續報告，必要時要適當調整報告方向與內容；已經確定不是主管關心的議題，即使已經準備了充分的資料，也應割愛；溝通過程切忌打斷或搶主管的話，要順著主管關心的方向進行表達與溝通，溝通技巧愈高明的人，愈能夠在短時間內掌握主管關心的議題以及溝通的節奏。

4. 注意辦公室佈置：重視形象的主管，通常也重視辦公室的美觀性，喜歡營造整齊清爽、有整體性的辦公環境，因應這樣的風格，部屬應配合單位的整體形象，盡量避免呈現過於個人化的風格，或是辦公務品、文件佔用到公共空間、妨礙到辦公動線。例如：座位上擺滿個人收藏的公仔、卡通與私人照片，甚至有人喜歡在個人座位掛吊小盆栽，這些行為都屬過於私人化色彩的展現，給予主管及外人的觀感，通常會在工作投入、敬業精神、團隊合作以及專業性等方面打折扣。

5. 公認卻經常被忽略的辦公室禮儀：主管交代事情時，話還沒講完部屬就急著抽身要走；主管當面指派任務時，部屬眉頭緊皺、擺臭臉；臨時請假當天無法上班，不直接向主管請假，而透過同事轉達；上班時間經常接聽私人電話；辦公室講電話經常聲音過大，干擾到同事；幫主管及同事接聽電話留言內容及來電者身分交代不清；幫主管及同事接聽電話並留言時，未署名留言者姓名。辦公時間中場休息時，電腦螢幕出現不適當或不雅的畫面（要考量單位組織文化之接受度，例如：較保守之公務單位或主管可能不樂見部屬利用休息時間觀看與業務不相關之娛樂性影片）；辦公時間飲食並散發味道，影響別人；辦公時間公然揪團團購；經常遲到早退或溜班；主管發飆時冷眼旁觀並發出譏笑聲；辦公室戀情等。

簡要說明事由及請示事項

稍停頓，觀察主管反應及
等待提問
● 弄清楚主管關心什麼？

根據主管提問說明細節

視主管反應及興趣調整報
告方向及表達角度，捨棄
主管不感興趣之話題

不打斷　　不搶話　　方向進行溝通　順應主管關心

◎ 圖 5-6　向主管報告之應對節奏

 職場放大鏡　**不經心地打斷**

案例情境

1. 文如及惠雲都有好幾年職場工作經歷，文如負責辦理一個學生營隊，活動期間請惠雲在活動現場幫忙，擔任助教，文如則留在辦公室處理其他業務，若有狀況惠雲會到辦公室找文如協助。

2. 活動大致順利進行，在進行分組實作過程，惠雲兩度前往辦公室找文如協助。

3. 很不巧，兩次都碰到單位主管正站著跟文如交代重要業務。惠雲看到主管及文如站著交談業務，兩次都直接打斷談話，跟文如請求協助，而文

（續下頁）

如也逕自停止與主管進行中的對話，沒跟主管打聲招呼，就離開主管視線，與惠雲一起張羅營隊所需之物品。

4. 主管兩次尷尬的留在現場……。

◆ 案例分析

1. 文如及惠雲自行打斷主管談話的作法，明顯違反職場禮儀，而且打斷的原因並非重要緊急事由，兩人都算職場經歷豐富，出現這樣的作為，顯示兩人的職場敏感度不足。

2. 兩人自行打斷主管談話，把主管晾在一旁，讓主管交代事情中斷，對兩人觀感必定不佳。

3. 這個溝通誤失文如應該負較大責任。惠雲看到主管在跟文如談事情，應該在旁稍候，等待對話結束再跟文如詢問，若是緊急事件，也最好等談話告一段落再插話；而文如在惠雲前來詢問時，應馬上請她在旁稍候，等主管談話結束再回應惠雲。

4. 兩人所犯的是很基本的職場禮儀常規，一般主管可能不會予以指正，但其實內心已留下不好的觀感或印象。可見職場人經常在漫不經心中讓主管或顧客留下負面觀感而不自知，累積下來的負面印象可能在年度評量時發酵，這對漫不經心的部屬是相當不利的，魔鬼就在細節裡，那一隻在溝通細節中作怪的魔鬼，不知不覺就在主管與部屬的關係中埋下炸彈！

 職場放大鏡 　**主觀意識造成的溝通誤失**

◆ 案例情境

1. 某公司需要為活動設計一張文宣品，為了撙節成本，主管先行請辦公室電腦較熟練的同仁土法煉鋼設計，可是設計出來的無法達到要求，而且也因再三修改延誤了時間，於是主管權衡情勢，決定還是另外尋求專業設計人員。

2. 由於先前已經耽誤時間，必須儘快完成文宣的設計，才能趕上拖延的進度，權衡之下主管提供 C 廠商名單給承辦同仁 B 先生，希望他積極辦理。C 廠商是 A 主管合作多年的朋友，A 主管心想案子小，加上趕時間，拜託熟悉的朋友幫忙可以縮短溝通時間，而且配合度也會較高。

3. B 先生依指示聯絡 C 廠商，順利完成文宣設計，主管接著交代 B 先生處理費用報銷事宜，由於是臨時請 C 廠商幫忙，加上雙方多年合作的默契，事先並未談定需支付的設計費用，所以事後請 B 先生向 C 廠商詢問費用。

4. B 先生詢問後回覆主管費用的金額，主管直覺的回應：「怎麼這麼貴！比預期的高很多！」但是，主管還是交代 B 先生儘快處理付款事宜，既然已經驗收貨品了，自然要付款。

5. 隔日，B 先生再回報主管：「已跟 C 廠商抱怨費用太高，廠商回覆：『那看你們主管覺得想付多少錢？』」回報過程中 B 先生顯現冷漠的神情，主管可以想像 C 廠商應該也被挑起負面情緒！

◆ 案例分析

1. 主管雖然覺得報價過高，但因海報已完成設計，也已驗收，自然必須付費。所以明確指示 B 先生處理報帳事宜，並沒有示意 B 先生向廠商抱怨，畢竟價錢未先約定好，而且廠商也配合達成任務。B 先生因個人主觀意識及偏見，誤判主管的態度，以為主管暗示其向廠商抱怨，於是在逕自向廠商抱怨後，破壞了廠商與主管原有的關係，自然讓主管感到困擾！這樣的處理方式，難免過於自作主張，而且也不夠貼心、不善解人意！

2. B 先生不僅未達成交辦任務，而且在跟主管溝通過程呈現負面情緒，主管回想起之前 B 先生就曾抱怨過 C 廠商不好溝通，也表現出其不樂於跟 C 廠商互動之態度，這些訊息讓主管很直接解讀為：B 先生對於外包給 C 廠商設計有所不滿，再者，因為 B 先生本就對 C 廠商有微辭，所以跟 C 廠商溝通過程自然無法心平氣和，以致挑起負面情緒！

（續下頁）

3. B 先生在處理這項業務過程加入過多個人主觀意識與情緒，主管必然也了解 C 廠商難溝通的地方，但最後還是決定委託其設計，必定是權衡專業能力、配合度以及整體情勢，所做出之決定；雖然覺得報價過高，但考慮商業道德（未事先談好價錢）以及日後的合作關係，還是決定依對方開價付費，保留日後緊急請託時對方願意幫忙的可能。B 先生的負面態度顯露其主觀過強，這樣的作為挑戰了主管的判斷，也違反職場倫理。

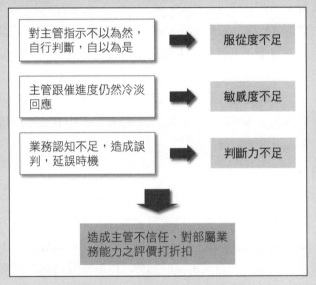

◎ 圖 5-7　自以為是造成的溝通誤失

溝通小 Tip

1. 慎選溝通工具

　　數位化時代溝通工具多元，面對面溝通、打電話、傳真、電子郵件、Line、FB、手機簡訊等，可以運用來進行溝通的工具選擇多，增加很多便利性，卻也因不正當的選擇工具反而讓溝通效果打

折扣！溝通工具的選擇要視溝通對象而定，要考量對方的年紀、職業、職位、風格、習慣，以及關係的親疏等條件，選擇一個雙方感覺舒適且溝通效率最佳的工具。

2. 配合對方風格與習慣

很多傳統產業、中小企業老闆不習慣用電子郵件（甚至全公司共用一個郵件信箱），但是他們可能很習慣用手機簡訊及 Line；有些教授堅持不使用手機，也不常接辦公室電話，但是發電子郵件則很容易得到他們回應。

3. 視溝通目的而定

新客戶業務推廣先以電話或電子郵件聯繫，再登門拜訪；配合辦公室主管習慣，用 Line 進行大部分業務之溝通，但重要且需有完整、正式說明之業務還是要搭配電子郵件、正式簽呈或當面報告；很多狀況是先用電話或手機直接溝通，釐清原則、建立默契之後，再用簡訊或 Line 進行細節溝通。

4. 新世代溝通禮儀

資訊取得容易加上溝通工具的多元化，新世代的職場溝通對於效率的要求遠高於傳統世代，衍生一些非制式的新式溝通禮儀，職場人應順應時勢，多加留意。例如：拜訪顧客可以很容易從網路上查詢到顧客公司相關資料，包括：公司營業歷史、營業項目、主力產品、公司地址、聯絡電話等，拜訪者除了不應再向對方詢問之外，還應在拜訪前先行做好功課，蒐集、了解相關資訊，以免給予顧客「狀況外」之觀感；非口語溝通過程應多著重關鍵文字的陳述，過多客套話恐有模糊焦點之疑慮，對於講求效率的主管或顧客而言，重複性的客套文字可能惹人煩！

 職場放大鏡　誰是主管最愛？

　　哪種人是主管的最愛？應該很難有一定的答案，但是為了在「對上溝通」得更高分，不妨讓我們來分析形形色色的職人，哪樣的特質較能博得主管青睞，受倚重？

◆ 案例情境

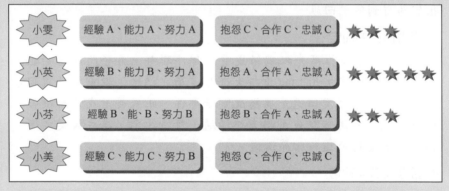

◎ 圖 5-8　哪位是主管最愛？

　　圖 5-8 中四位員工代表四種不同特質的職人，左邊框框代表「能力指標」（經驗、能力、努力）；右邊框框代表「態度指標」（抱怨、合作、忠誠）；英文字母 A、B、C 代表等級，如：經驗 A 代表經驗最好；抱怨 A 則代表抱怨最少。說明如下：

1. 小雯：經驗能力俱優，上士等級，而且非常努力，但是非常愛抱怨，團隊合作態度差，更糟的是，對主管的忠誠度低，言下之意是屬於會扯主管後腿的那一型。

2. 小英：經驗能力中等，但自知資質不夠優，所以非常努力，任勞任怨、從不抱怨，跟同事的合作非常融洽，對主管忠誠度很高，人前人後不抱怨，珍惜主管給的工作機會。

3. 小芬：經驗能力中等，也不夠努力，偶爾抱怨，但團隊合作及忠誠度都沒問題。

4. 小美：經驗能力都屬下士等級，也不夠努力，並且凡事不自我檢討，抱怨不斷，抱怨同事，無法團隊合作，也在背後批評抱怨主管，扯主管後腿。

　　請問，您認為哪位是主管最愛？哪位是主管最恨呢？

◆ 案例分析

　　圖 5-8 右邊星號代表受主管喜愛程度，這樣的評比僅供參考，並非絕對值，但從一般職場倫理的角度來看，約略可分析比較如下：

1. 小英與小雯：小英雖在經驗能力均比小雯低一等級，但忠誠度及團隊合作得高分，這點讓她博得主管信任度，加上她從不抱怨的正向態度，是難得一見的正向特質！顯然在目前四個類型中，小英是主管最愛，當然若能出現經驗能力具 A，其他各項也都跟小英一樣的人選，理應立即凌越小英之上，取得主管最愛第一名寶座，但環視職場，經驗能力忠誠具 A 的人才可遇不可求！

2. 小雯與小芬：很顯然，小雯經驗能力的高分被她的態度特質大扣分，主管在乎態度甚於能力，小芬能力指標俱弱，但態度指標幫她拉回一些分數。小芬這樣類型的人，當主管找不到能力更好的人才時，會姑且任用，但不會委以重任！小雯能力指標優，但態度指標弱，缺人時用起來來膽戰心驚，主管一邊用她，一邊提防她！

3. 小美：很顯然將是職場魯蛇，能力態度俱差，有為的主管斷然不願給予工作機會，發現這樣的員工，應該會採取具體手段，寧缺勿濫！

　　試問，您在主管眼中是屬於哪種類型呢？或者應該問，您希望成為哪種類型呢？

問題討論

1. 回顧職場生涯，試分別舉出一位相處最好及最差的主管，分析及說明您與主管溝通模式及信任關係，找出自己與主管溝通不良之處。

2. 觀察周邊同事，舉出一位深獲主管肯定與信任之個案，分析說明其對上溝通成功之處。

3. 假設您將在不久未來成為主管，請從您身為主管角度，說明希望部屬跟您建立怎樣的關係，請從您目前業務舉例說明之。

4. 當主管向您表達「我覺得我們之間的溝通有問題！」您會如何處理？

5. 當主管向您表達「我覺得你這樣做事情很不 OK！」您會如何處理？

6 顧客溝通

絕大多數的業務都有與顧客接觸與溝通的機會，只是因業務性質、服務對象以及職務高低的不同，與顧客溝通的形式及頻率有所不同。零售及服務業服務人員每天直接接觸顧客，顧客溝通頻率高；工程服務與研究人員的顧客溝通頻率相對較低，而且多半時候不是以直接面對面形式進行溝通，而經常是以通訊或書面方式溝通。因此，本章所探討的顧客溝通問題是各類型溝通情境的公約數，希望提供通用的顧客溝通準則。此外，顧客溝通的目的除了提高顧客滿意度之外，更深層的意涵在於顧客經營，希望藉由優質、成功的溝通技巧，擄獲顧客的心，與顧客建立緊密的業務關係。

一 顧客溝通守則

顧客溝通守則及各項準則之行為參考如表 6-1，分述於後。

▐▌ 表 6-1　顧客溝通守則

溝通守則	行為參考準則
傾聽顧客心聲	• 全神貫注。 • 注視對方。 • 多聽少說。 • 避免打斷顧客談話。 • 積極傾聽。 • 適時肯定與稱讚。

表 6-1　顧客溝通守則（續）

溝通守則	行為參考準則
顧客導向，抓住顧客心	• 預見顧客的需求。 • 能以顧客角度與觀點來設想顧客的需求、感受及可能反應。 • 設身處地為顧客著想。
學習判斷顧客，區隔溝通與服務模式	• 學習判斷顧客的類型，推測顧客需求、偏好。 • 洞察特殊顧客的需求，提供特別且貼心的服務。 • 與顧客剛開始接觸的時點，就要觀察、推測顧客的性情與風格，採取正確的交談與互動模式。
善始善終，挽住顧客心	• 人的記憶受制於「記憶關鍵系列位置」的影響，一個事件的發展，或是一段互動的過程，開頭與結尾給人的印象最深刻，左右整個記憶。 • 給予顧客親和感，有一個好的開頭，搭配正向肯定、有力的結束，給顧客留下正面且深刻的印象。
維持關係	• 初次見面要設法讓對方留下特別印象。 • 無論首次會面留給對方印象如何，有機會再見面時必須製造出更強烈的印象。
低調為上	• 遇到「奧客」在所難免，盡量以低調溫和的方式應對，大事化小、小事化無，避免形成僵局，把對企業形象的損傷降到最低。
給顧客台階下	• 當交易僵持不下時，善解人意的業務人員能從顧客的口氣及態度中，洞察顧客的心情狀態，貼心的給顧客台階下，有技巧的運用溝通藝術，讓顧客很有尊嚴、很開心的達成交易。
交易不成，耐心等顧客回流	• 周旋半天，終究還是未能打動顧客的心，此時還是要有耐性完成服務，給顧客留下好印象，為未來的交易鋪路。 • 顧客的心多變，時過境遷，好的產品以及好的服務終究有機會回到顧客腦海中。
不要小看任何一筆交易	• 很多大客戶是從小客戶發展出來的，用心經營，小交易很有機會發展出未來的大交易。 • 謹慎把握任何一次與顧客接觸、溝通的機會。有誠意的提供小交易的顧客貼心的服務，讓他們覺得物超所值，這是吸引他們繼續惠顧及投入更大交易的潛在誘因。

(一) 傾聽顧客心聲

　　「傾聽」是有效溝通最重要的關鍵要素，卻也最容易被忽略。傾聽主要的目的一方面是要讓顧客覺得很受尊重，另一方面則希望藉由傾聽了解顧客的想法、需求與渴望。傾聽顧客的技巧如下：

1. 全神貫注

　　深度的傾聽必須絕對的專注，才能聽出顧客內心深處的聲音。傾聽者必須打開身上所有收訊器，全神貫注的傾聽顧客。

2. 注視對方

　　與顧客交談時，尤其是顧客發言時，眼神要注視對方，讓對方感受到傾聽者的用心與尊重。

3. 多聽少說

　　第一名業務員創造業績的訣竅，通常不在於好的「說話能力」，而是好的「聽話能力」，在與顧客接觸及溝通的現場，聽話的技巧遠比說話重要，認真傾聽讓顧客對你產生好感，交易才能順利進行。口若懸河又沒耐心傾聽顧客的業務員，通常不太容易了解顧客真正的需求。

4. 避免打斷顧客談話

　　顧客發言過程不宜打斷其談話，也不宜中途給予評論，以免影響其思緒，使其無法完整表達內心的想法與需求。

5. 積極傾聽

　　追求高績效的傾聽效果，傾聽過程必須專注傾聽，融入顧客的談話中，並且要適時運用肢體語言（涉入的姿態、目光接觸）讓對方知道傾聽者正在認真傾聽，也對其談話內容感興趣，營造這樣的情境自然能夠讓顧客自在清楚的表達內心的想法。溝通過程要能適時發問以及重新陳述顧客所傳遞的訊息內容與情緒，以驗證自己是否真正了解顧客的意思。

6. 適時肯定與稱讚

配合對於顧客發言的內容及情緒變化，適時給予肯定與讚美，強化正向的溝通氛圍，讓溝通更順暢。讚美的語言包括：您剛才提到如果因為名額的規定，無法讓您參加這次政府補助課程，您願意自費參加，表示您真的非常願意在學習方面投資……。

（二）融入顧客的情境思考

傑出的業務員都有一個關鍵特色，就是能夠「預見顧客的需求」。一般業務員賣的是商品或服務的「特色」，優秀的業務員賣的是「益處」，他們總是能夠讓顧客清楚了解，該產品或服務能為顧客創造哪些價值，從中獲得哪些益處。要提供顧客滿意的服務，先決條件在於了解顧客需求，要能以顧客角度與觀點來設想顧客的需求、感受及可能反應，也就是要能「融入顧客的情境思考」，將心比心，模擬他們的處境與內心需求，才知道怎麼讓顧客感動，進而採取消費行動。許多小商家或小餐廳，費盡心思創造差異化，展現創意的產品或服務，但顧客卻不盡然買單！問題出在哪兒？沒有從顧客需求去設想的差異化，對顧客而言是沒有意義、沒有價值的，也就是創造差異化的前提，還是要先找到真正能打動顧客心的點，要能從顧客角度思考，提供顧客需要的差異化。

eBay 創立了獨一無二的即時回報系統，時時刻刻向消費者與員工保證交易在他們的掌握之中，每一筆交易買家、賣家都即時估價，滿足顧客的需求、建立顧客信任。這套建立顧客信心的系統成了虛擬商場的骨幹，大受全球歡迎；台灣「流通教父」前統一超商總經理徐重仁在 30 幾年前成功將便利商店引進台灣，不斷從顧客角度出發，挖掘顧客需求，滿足顧客，大幅改變民眾生活型態，創造便利與幸福的價值感，扮演台灣新生活型態的領航角色；麻膳堂創辦人放棄自己的美感堅持（不喜歡過度商業化的呈現方式），從顧客需求設想，運用視覺設計手法，在餐廳外牆懸掛大幅產品海報、擺設立牌標示商品價格，以導引顧客視

覺，果然讓更多顧客走進店內，此外，為深化顧客的用餐體驗，不斷模擬演練，排除種種困難，以「完全開放式的廚房」，創造食物好吃的臨場感，為顧客的用餐體驗加分。

顧客導向最簡單的準則在於「設身處地為顧客著想」，在我們所處的消費空間裡，可以看到不少有創意、又貼心的服務設計，貼心的設計就是好的顧客溝通：

1. 餐飲店在顧客座位旁提供放置隨身包包的小桌子或小箱子，體貼顧客無須讓包包擠在座椅後面，或放在腿上。這樣的服務設計很能夠擄獲中上階層女性顧客的心。
2. 摩斯漢堡提供洗手台，顧客用餐前可以很方便的淨手，貼心的設計凸顯摩斯漢堡的企業風格，也讓顧客感受到服務的精緻。這樣的好設計也帶動了很多企業效法。

溝通小 Tip

麻膳堂的「融入顧客情境思考」

「麻膳堂」於 2010 年在台北創立，目前已是台北地區排隊人氣餐廳，以麻辣牛肉麵、煎餃等現煮麵食為主要菜色。除以用料講究、口味獨特、食材新鮮、現點現做等因素吸引饕客青睞之外，其深入顧客情境思考，所設計出來的服務特色以及用餐體驗，更緊緊抓住顧客的心。「麻膳堂」以高質感的裝潢、開放式廚房、爵士音樂以及友善的服務，讓消費者以平實的價錢在充滿現代感的環境裡，享受風華老店水準的美味牛肉麵。

1. 視覺導引

創業初期，創辦人費盡心思大幅改裝店面，拉高餐廳格調，沒料到反讓顧客產生 CP 值降低的錯覺，導致業績一度下滑！這樣的結果讓創辦人深深體會到，融入顧客情境思考是一門永無止境的功課，一旦忘了從顧客角度思考，顧客很快就會無情的離開。於是，

（續下頁）

深入檢討之後，發現新裝潢與產品定位之間的協調性不如之前，導致顧客心理上的落差。他們找到解決之道在於「運用視覺設計手法」，在餐廳外牆懸掛大幅產品海報、擺設立牌標示商品價格，引導顧客視覺，讓顧客自然而然走進店內。然而，這樣的解決方案與老闆想營造的餐廳質感有衝突（過於商業化），但是老闆理性的融入顧客的情境思考之後，認清自己所謂美感品味，並不符合顧客需求，於是毅然放棄原先的執著，進行修正，同時也努力提升商品口味與品質，提高顧客滿意度，果然，顧客慢慢回流。

2. 物超所值

「物超所值」是顧客買單的關鍵，無論他所感受到的「值」是「實體」的還是「精神層面」，客人總是想要從商家得到更多好處。餐廳免費提供各式麵點加湯的服務，唯獨「清燉牛肉麵」除外，因該湯頭成本很高。然而，總是會遇到顧客點清燉牛肉麵，並執意要求免費加湯，造成服務上的困擾。站在單一成本考量，免費加湯確實不敷成本，但是，若站在長遠利益考量，反而可以不需跟顧客計較，更何況，這樣的顧客還是少數。而且，免費加湯可以省去現場服務人員的解說，反而減少營運成本。

資料來源：愛評網，http://www.ipeen.com.tw/shop/80786/photos。

◎ 圖6-1 門口立牌引導顧客走入店內

3. 體驗加分

餐廳提供給顧客的價值，除了菜色與硬體設施之外，環境、氣氛的營造也是重要因素。適當的氣氛營造，可以提高味覺享受，為

用餐體驗加分。麻膳堂的團隊經過深入的討論，發掘除了食物本身之外，廚師快刀切剁、鍋鏟碰撞等過程產生的聲、光、形、色所組合出的感官刺激，也是顧客用餐體驗以及美味記憶的一部分，基於這樣的顧客情境思考分析，餐廳不惜代價，將廚房改裝成全開放式廚房，創造食物好好吃的臨場感。

資料來源：http://froggywa.pixnet.net/blog/post/37952526-%E3%80%90%E5%8F%B0%E5%8C%97%E2%80%A7%E6%9D%B1%E5%8D%80%E3%80%91%E9%BA%BB%E8%86%B3%E5%A0%82

◎ 圖 6-2　免費加湯的服務讓顧客有物超所值的滿足感

資料來源：http://hiroking.pixnet.net/blog/post/153235977-%5b%E5%8F%B0%E5%8C%97%E4%B8%AD%E5%BC%8F%E9%A4%90%E5%BB%B3%E6%8E%A8%E8%96%A6%5d---%E9%BA%BB%E8%86%B3%E5%A0%82mazendo

◎ 圖 6-3　開放式廚房提供顧客臨場感的美味記憶

（三）學習判斷顧客，區隔溝通與服務模式

　　顧客類型多元，要應付形形色色的顧客是一個必須學習的課題，服務人員必須學習判斷顧客的類型，推測顧客需求、偏好，才能在業務推廣及服務過程中投其所好。細心的服務人員甚至可以洞察特殊顧客的需求，提供特別且貼心的服務。與顧客剛開始接觸的時點，就要觀察、推測顧客的性情與風格，採取正確的交談與互動模式，例如：針對直率、

講求實際的顧客，要採取直接式的談話，直接碰觸、回應他的需要；迂迴型的顧客，要用較含蓄的方式回應，太過直接對方可能會感到粗俗，不夠周到；若是對方屬於崇尚學問型，談話內容就要盡量展現深度（平時就要累積談話素材與表達技巧）；顧客愛談瑣事，交談話題就要盡量平易近人，且要能順應對方各種不同話題，要平易且健談。初次談話能與對方一拍即合，讓對方覺得很投機，自然能建立好的印象，並且讓對方有興趣繼續維持關係。

直率實際型	迂迴型
• 直接式談話 • 直接碰觸、回應顧客需要	• 含蓄的對話 • 太過直接可能令對方感到粗俗、不夠周到

崇尚學問型	愛談瑣事型
• 對話內容展現深度 • 平時練功（談話素材與表達技巧）	• 交談話題平易近人 • 順應對方各種不同話題 • 平易健談

◎ 圖 6-4　判斷顧客，投其所好

溝通小 Tip

察言觀色，深度識人

　　從溝通角度來看，可以將溝通的對象（顧客）分為三種類型：「視覺型」、「聽覺型」與「觸覺型」，從對方表達方式判斷其屬於哪種類型，進而針對不同類型，採用不同的溝通方式：

1. 判斷顧客

(1) 視覺型：我可以看出你要凸顯的部分！

　　• 視覺型顧客通常講話速度較快，聲音較高昂。

(2) 聽覺型：我聽得出你的弦外之音！

　　• 聽覺型顧客通常講話具節奏感及邏輯性。

(3) 觸覺型：我可以掌握你想法的脈絡！

　　‧觸覺型顧客通常講話速度較慢且低沉。

　　以汽車銷售為例，針對不同顧客的推銷要採用不同的表達方式：

2. 溝通方式

(1) 視覺型：車的外型充滿流線感，顏色高雅，開在路上旁人必定
　　投以羨慕的眼神！

　　‧配合視覺型顧客之習性，要加快講話速度與提高音調。

(2) 聽覺型：您聽，車的內部安靜無聲，裝上高級音響可以感受到
　　絕佳音感！

　　‧配合聽覺型顧客之習性，講話內容盡量符合其邏輯性與節奏。

(3) 觸覺型：這部車子的座椅舒適、觸感好，儀表版的設計質感也
　　好，您可以摸看看！

　　‧配合觸覺型顧客之習性，講話速度必須放慢，語調不宜過高。

（四）善始善終，挽住顧客心

　　人的記憶受制於「記憶關鍵系列位置」的影響，一個事件的發展，或是一段互動的過程，開頭與結尾給人的印象最深刻，具有左右整個記憶的作用。這樣的原理應該在與顧客互動過程多加運用，尤其是初次會面的顧客。無論會談內容如何，親切友好的開頭，搭配正向肯定、有力的結束，給顧客留下正面且深刻的印象，在商場溝通上絕對可以達成正向的溝通任務。即使在會面過程因為雙方立場的不同或文化的差異，沒能達到共識，但是如果能在會面結束前爭取良好的表現，通常可以某程度扭轉對方觀感，給未來的合作或交易留下希望。如何在結束前讓對方留下深刻好感？可以在結束前表明你對當天會面的感想，使用諸如「絕對」、「非常」等有強調意義的文辭，配合具體恰當的內容來表達你的感受，例如：「今天跟您談話讓我獲益不少，您的看法及意見對我們業務的推動有很大幫助，真是非常感謝您！」聽到這樣的回應，對方通常會因感覺到自己的重要性而願意繼續保持互動關係。在會面過程誇獎對

方,可能讓對方感覺刻意、做作,或是阿諛奉承,但是分手前的美言,卻經常能創造奇妙的效果,挽留住顧客的心!

(五) 維持關係

與顧客初次會面之後,即使已經盡力製造了完美的結束,但為建立更實質有效的關係,可以在關鍵地方加強:

1. 初次見面之後,為了讓對方記住你,留下特別印象,會面結束後最好立即與對方聯繫,衡量顧客之忙碌情形與個性,採取直接打電話或發電子郵件的方式,一封別具一格的電子郵件很可能帶來意想不到的效果!信寫得好,可以鞏固或喚醒對方的記憶,讓對方回憶起會面時的情形以及那次的完美結束,這是很有效的記憶增強法。

2. 無論首次會面留給對方印象如何,有機會再見面時必須製造出更強烈的印象。假如第一次已經製造好印象,再見面時為了強化觀感,可能必須備好更新、更有價值的資料或情報給顧客;若是第一印象不夠好,就更要做好功課,利用第二次見面扳回顧客觀感。

溝通小 Tip

親和感是顧客溝通的第一步

親和感源自人與人之間和諧、信任的關係,根據鏡像神經元 (The Mirror System in Humans) 理論,當人從溝通的對方身上感受到彼此的「相似性」及「一致性」時,就容易產生親和感。建立與顧客間之親和感可以善用「呼應」(Pacing) 原理:

1. 肢體語言相似

溝通過程呈現與顧客相似的肢體、姿勢、動作、節奏與頻率時,可以讓對方感到親切,博得好感。

2. 聲調音量相似

溝通過程說話聲調、音量、講話速度等若能與對方契合,也能建立親和感。

3. 表達內容相似

溝通過程有意無意的複述對方談話的內容，表示呼應對方心中的世界，建立好感及認同感，可以讓溝通更順暢。

溝通小 Tip

在與顧客會面過程誇獎對方，可能會讓對方感覺刻意、做作，或是阿諛奉承，但是結束前的美言，卻經常能創造奇妙的效果，挽留住顧客的心！

溝通小 Tip

感動顧客

Cisco 公司預測，2016 年以前世界將有 100 億支智慧手機，這數字遠超過世界人口總數。E 世代行動網路服務與雲端方案如雨後春筍，消費者透過網路搜尋商品資訊的便利性已經極大化，商品資訊與智識不對稱的時代已經結束，銷售員已經很難再依靠資訊優勢說服顧客，那麼，當今銷售員的成功特質是什麼？哪些特質的人可以擄獲顧客的心？

新世代成功銷售員必備特質：調頻力、浮力、透視力。

1. 調頻力 (Attunement)

調頻力係指感動顧客之前，先要調整自己與對方同一視角 (Perspective) 及情境 (Context) 的能力，如此才能聽到顧客真正的聲音。也就是要「異地而處」、「換位思考」、「融入顧客的情境思考」，跳脫自己的思考角度，以顧客的角度與立場進行思考，如此自然比較能貼近顧客的心境與情緒，與對方起共鳴，進而掌握顧客真正的需求。處理問題顧客時，調頻力更顯重要，能夠調整與顧客

（續下頁）

同一視角，才能體諒對方的情緒、認知及動機，找到雙方可以接受的解決方案。

(1)「視角調整」能力與「權力高低」成反比關係

　　根據美國西北大學實證研究顯示，「視角調整」能力與「權力高低」之間呈現驚人的反比關係，且大量的研究指出了權力與「視角調整能力」的反比關係，擁有權力常常讓人偏離與人互動的適當分寸，扭曲了所收到的訊息，甚至模糊化了微妙卻關鍵的信息。根據這個觀點，很多與顧客產生衝突的對象是第一線員工，可是最後完成衝突處理的卻是主管，這隱射了幾個可能：

A. 該衝突的處理運用到主管的權限。

B. 主管「視角調整」能力佳。

C. 該服務的顧客等級屬於較高層級，所以在「調整與顧客同一視角」方面，主管較基層員工容易做到。

　　對於服務一般等級的顧客而言，依據前述研究結論，第一線基層員工理應較容易調整成與顧客較一致的視角，所以第一線員工的調頻力應該也較高。

(2) 動之以理

　　「視角情境」是否等同於「感同身受」？國外學者針對這方面也做過調查，研究顯示動之以理的「視角情境」比動之以情的「感同身受」在交易促成上更有效。「視角情境」是屬「認知能力」，強調業務員的理性情境思考；而「感同身受」則是一種感性的情緒體會。

(3) 策略性模仿

　　「模仿對手策略」會加深「調頻力」並提高顧客感動程度，研究結果顯示，模仿顧客動作的談判者，更容易營造雙方互利的氛圍，而完成交易或在處理衝突時達成協議。我們常受到喜愛我們、和自己相仿的人的影響。在顧客協商過程，若能營造與對方契合的情境，或是舉止模仿對方（例如：重複他的話），常常能得到超越預期的效果。

2. 浮力 (Buoyancy)

　　成功的業務員要有被顧客拒絕 100 次的準備，從失敗中找到對方的感動點。

3. 透視力 (Clarity)

　　面對無遠弗屆的網路世代，知識的獲得已不是最大問題，可以提供給客戶的價值優勢不在於資訊與情報，而在於洞察、預知其可能發生之問題，協助其防患於未然，這樣的透視力，才是新世代成功銷售員亟於建立之優勢。

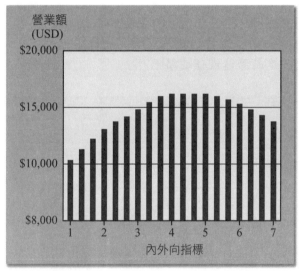

資料來源：Adam Grant, University of Pennsylvnia.

◎ 圖 6-5　內外向程度與營業額績效

（資料取材：2013 芝加哥 SHRM 年會主題演講「見證無所不在的『感動力』」，*English Career* 轉載，p. 37-41。）

（續下頁）

哪一型人格最適合當銷售員？

　　個性內向及外向的人，哪一種人較適合當業務員？外向性格的人「社交傾向、有決斷力、有活力」，一般觀感傾向於認為外向性格的人較適宜銷售工作，然而，研究顯示，外向人格與銷售績效間並無相關性，過於外向的人因過度社交、陷入社交的情境享受中，而遺忘、忽略了業績的任務，甚至對顧客報喜不報憂，提供錯誤訊息，過度熱心、專斷，說的太多、聽的太少，與顧客社交過度頻繁有時反而是有破壞性的；而內向的人，害羞且難以親近，思慮過於謹慎，顧慮太多，因而怠於回應顧客要求，淡化與顧客之關係。中間型人格反而不偏不倚，不執於兩端，不保守亦不躁進，能伸能縮，知道何時高調、何時沉默，能順利適應與顧客互動之情境，與顧客起共鳴，進而締造最佳業績。

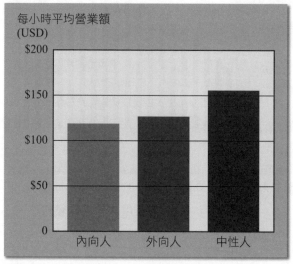

資料來源：Adam Grant, University of Pennsylvnia.

◎ 圖 6-6　不同個性的銷售表現

 **職場放大鏡** 你可以客訴Ａ！

◆ 案例情境

1. 李先生一大早要搭乘客運赴外縣市洽公，事前在網路上搜尋好要搭乘的客運，到達客運站搭乘手扶梯找到在 2 樓的服務台。

2. 現場有兩個服務台，李先生抵達靠近手扶梯的服務台，服務台有 3 位小姐站著低頭滑手機，聽到李先生詢問購票時，以手勢告知李先生到隔壁詢問，在比手勢時依然低著頭。

3. 李先生看到這樣的服務心生不悅，走到隔壁服務台時向服務人員抱怨：「你們的服務人員在顧客詢問時一直滑手機！」服務人員面色不悅，回答：「你可以客訴！」

4. 李先生火氣更大，情緒也開始急躁起來，然而看到發車時間已到，只好詢問服務人員從哪裡上車，但是車子稍有延誤，李先生更加不悅！服務人員繼續以不友善的態度服務，並且與其他服務人員使眼色，暗示李先生是難搞的顧客。

5. 李先生第一次搭乘該客運，當天帶著憤恨難平的心情上車，對該客運的服務留下很不好的第一印象，心裡也一直在想著是否跟總公司反映！

◆ 案例分析

1. 年輕上班族滑手機成為習慣，但是服務台人員一直滑手機是相當不妥的行為，若是坐著也許還可稍為遮掩，不過該客運公司應該是規定服務人員要站著，但站著滑手機將無所遁形，嚴重損壞公司形象！這是服務過程中第一次「身體語言」式商業溝通誤失。

2. 顧客向服務人員抱怨其他服務人員滑手機的行為，卻得到該服務人員冷回應，造成第二次服務誤失！「你可以客訴！」這樣的回應對話嚴重傷害服務形象，給予顧客傲慢冷淡的觀感，「你可以客訴！」是相當不正確的溝通語言！

（續下頁）

3. 正確的溝通語言可以很簡單：「真是抱歉！我們會提醒改進。」同時要以更加誠懇且周到的服務消弭顧客心中的怨恨。

4. 服務人員之間使眼色暗示顧客是奧客，雖然沒用語言表達出來，但是身體語言殺傷力更大！顯示這些人員缺乏服務的態度，公司應該要針對這樣的員工做適當的培訓與教育。

 職場放大鏡 **你可以客訴 B！**

◆ 案例情境

1. 朱處長是某家管理顧問公司高階女主管，主修服務品質管理，對於服務品質有一定的要求。

2. 在農曆年節期間，某天趁著年假還沒結束，朱處長到住家附近服飾店逛，希望幫自己挑選一件年後上班可以穿的上班服，給自己嶄新的好心情。

3. 朱處長到經常光顧價格不低的品牌店試穿了好幾套衣服，總算找到一件款式及顏色都符合自己要求的衣服，但很不巧，尺寸差一點，店員為了順利成交，主動表達可以幫忙調貨，但須先付款，朱處長向店員表達希望能儘速取貨，可以在 4 天後公司上班團拜穿新衣。店員當下承諾年假期間調貨較不方便，不一定來得及，但表示會儘快調貨。

4. 隔天，朱處長到百貨公司幫媽媽換鞋，年前幫媽媽買了一雙鞋，帶回台南老家才發現兩隻鞋是同一腳，因為當天在該專櫃一連買了 4 雙鞋，所以並沒特別檢查，她看到這樣的差錯很錯愕，生氣的將鞋子帶回台北百貨公司更換，並且要求專櫃更換好要免費宅配送到台南老家。專櫃小姐看到誤放同腳的鞋，馬上道歉，並且允諾一定幫忙宅配，接著立即到倉庫找鞋更換，也當著朱處長面將更換的鞋包裝好，寫上朱處長老家住址，做好宅配送件準備。但因還在年假期間，專櫃小姐特別向朱處長說明，擔心宅配在年假期間不會馬上送貨，可能要等 2 ～ 3 天才能送到，因為櫃姐自始至終態度非常好，加上媽媽不急著用鞋，所以就順利接洽完成，離開專櫃。

5. 當天晚上，朱處長打電話問候媽媽，媽媽告知新鞋已送達，朱處長非常驚訝，頓時對於該專櫃的服務非常滿意，之前放錯鞋的不滿一掃而空，取而代之的是高度服務滿意！在這樣的好心情下，朱處長決定出門運動，路上會經過那家服飾店，心想順路問問調貨到了沒，說不定會出現像換鞋宅配回老家一樣的順利，年節期間服務並不一定完全中斷。

6. 當朱處長帶著輕鬆愉快心情推門走進服飾店，一進門還沒開口，認出朱處長（算是老顧客）的店員第一時間拉大嗓門向朱處長喊著：「你的衣服還沒到！不是跟你說過年期間沒法調貨嗎？」

7. 店內還有其他客人在挑衣服，朱處長被店員這一喊好心情一下不見了！她走近店員身邊，詢問：「真的沒辦法打電話跟其他分店調看看嗎？我希望開工團拜可以穿新衣。」店員詢問哪天團拜，朱處長回應：「後天。」店員再回：「那沒辦法！」朱處長：「既然你們這個分店這麼早就開工，其他分店應該也開工了吧？」店員不針對朱處長提問回覆，還是大聲的說要向總公司調貨，總公司還沒開工！

8. 朱處長內心不舒服的情緒開始升起，回店員：「我覺得你們公司調貨的服務應該再加強！」接著將到百貨公司換鞋宅配的服務告知店員，朱處長強調年節期間，百貨公司專櫃也可提供這麼快速服務，她們服飾店應該要想辦法改善，而且店在年節期間這麼早開工，不就希望顧客能快穿上新衣嗎？

9. 原本朱處長並不期待當天一定會拿到衣服，只是抱著姑且一試的心態，反正也順路，心想也順便跟店員溝通一下服務這個概念，沒料到店員一直拉大嗓門強調過年期間就是沒辦法！持續這樣的溝通氣氛讓朱處長不悅的情緒一直升高，於是再跟店員強調他們的商品屬中高價位，應該要設法提高服務品質，但店員氣勢仍高、嗓門仍大，朱處長開始被激怒，告知會向他們公司反應服務應該要提升，店員聽到這話，居然馬上回話：「你可以去反應、去投訴呀！」朱處長情緒繼續升高：「我會直接跟你們老闆反應！」店員繼續高調回應：「你可以向老闆反應、去投訴呀！」於是，朱處長在沒有取到貨的情況下很不愉快的離開服飾店！

（續下頁）

10. 隔日,朱處長經過另一家不曾進去過的品牌服飾店,因為新衣還沒拿到,還是想明天開工穿新衣,於是姑且進店看看,沒想到遇到一個服務非常好的店員,一口氣買了3件衣服,很高興、很滿足的完成交易。

11. 朱處長內心做了決定,暫時不再光顧那家「大嗓門且服務不好」的店!

◆ 案例分析

1. 案例中朱處長到服務店詢問貨品是否已到店前,其實並沒有期待一定可以拿到貨,抱著順路姑且一問的心態,但店員在朱處長一進門就大嗓門當著其他顧客面前嚷嚷,即使朱處長算是熟客,但這樣的迎賓服務同時讓朱處長及店內其他顧客都產生不舒服的感受!

2. 挑起朱處長憤怒情緒的應該是店員「你可以去反應、去投訴呀!」以及緊跟著的,「你可以向老闆反應、去投訴呀!」這樣的高調回應!

3. 店員內心可以「年假期間總公司無法調貨」作為自己回應顧客的理由,但在應對上應採取「溫和」的態度,尤其在朱處長舉出百貨公司專櫃年節期間換貨宅配迅速的服務品質來對照時,其實已經將服飾店的服務要求拉高到百貨公司等級,應該算是對服飾店的恭維與期待,店員反而因這樣的服務對照丟出「你可以向老闆反應、去投訴呀!」這樣的回應!

4. 在任何情況下,「你可以去投訴!」這樣的顧客溝通絕對是負面的,對店家完全沒有加分,只有減分!店家再怎麼自認有理,都不須以這樣高調的方式跟顧客溝通,更何況特殊期間公司是否應訂定更有彈性的換貨作業流程,尚有待商榷!

5. 店員在朱處長進門詢問時可以這樣回覆:「很抱歉,已經跟總公司聯繫過,但因為還沒開工,無法調貨,等可以調貨時,一定第一時間馬上幫您調貨,貨到時也會馬上通知您,真的很抱歉!」以這樣方式回應朱處長,相信可以將處長的情緒緩和下來;接下來若朱處長仍提出百貨公司專櫃的服務品質來對照時,可以這樣回應:「○○百貨的服務真

的很棒！我們應該要學習，看公司流程可以怎麼調整，這次造成您的不便，真的很不好意思！我們一定向公司反應。」以這樣方式回應，顧客理應不會再說要投訴，也會對店員溫和有禮的道歉有好感，當然也絕不會封殺這家店。

6. 不斷溫和的道歉，告知顧客一定會向公司反應，結合這兩個話術，回報的是顧客不投訴以及對服務的好感度，以這樣的正向溝通方式翻轉溝通情境以及留住顧客！

（六）低調為上

　　顧客導向意謂以顧客為尊，既然如此，服務人員就應低調為上，遇到「奧客」在所難免，雖然「顧客永遠是對的！」的服務信條已經受到部分人士的挑戰，但是遇到「奧客」仍是服務人員耐性及應變力的大考驗，盡量以低調溫和的方式應對，大事化小、小事化無，避免造成僵局，把對企業形象的損傷降到最低。顧客導向世代，企業通常必須提供相當便利的顧客投訴平台或管道，使得很多顧客只要與業務承辦同仁接洽時稍有不悅，就興起投訴的念頭，而且通常會很激動的進行投訴，顧客投訴大致有以下幾種情況：

1. 投訴有理，具體指出產品或服務的缺失或瑕疵。
2. 投訴無理，屬於自我中心型的思考類型，一味做無理要求。
3. 投訴起因於承辦人與顧客間溝通技巧及表達語氣的不契合，溝通過程未能妥善處理顧客情緒。

　　雖然針對不同類型的顧客投訴要採取相對應處置方式，但無論是哪類型投訴案，「低調」處理通常是最能澆熄顧客怒火的策略，若是堅持講理，不願意多付出耐心處理顧客情緒，則不僅製造後續事件與災難，對承辦人員而言，必然在內心留下挫折感！

溝通小 Tip

　　若能預想終究必須跟顧客維持好關係，在爭執、衝突的起點，就應謹守「收服顧客」之意念，這樣的意念可以幫助自己在溝通過程放下堅持、逆轉情緒，讓溝通情境翻轉，展現高度的溝通智慧！

 職場放大鏡　讓顧客動怒的溝通語言

案例情境

1. 怡如在主管心目中具備業務開發與溝通能力，特別指派她負責某課程招生業務。

2. 受景氣影響，原先相當看好的課程，招生不如預期，以致必須延期開班，拉長招生時間。

3. 李先生是延班之前就已經報名的學員。

4. 某日李先生激動的打電話跟怡如的主管抱怨，指名承辦人怡如態度不佳，主管了解其中原委：

   (1) 李先生接到延班通知已有不悅。（這是一般正常反應！）

   (2) 延班期間李先生已打幾次電話詢問，是否能順利開班，因延班已耽誤原先規劃的進修時程，若是又未能順利開班，損失更大，所以李先生很急於確認是否開班。剛延班時李先生打電話詢問，怡如的回應是：「應該會開班！」而後接近開班時間，再三詢問，回應語氣愈來愈不確定。

   (3) 李先生了解主辦單位積極招生，希望能順利開班，已經報名的學員也是一樣心情，希望能順利上課。但是李先生抱怨怡如的回應方式，強調：「我們一直都沒有說一定會順利開班！」李先生感覺回應的語氣相當不好，令顧客感覺很不舒服！

5. 主管接到抱怨電話，了解原委之後，與李先生進行以下對話：

主　管：李先生，很抱歉！讓您有不舒服的感覺！但是課程的招生確實不容易，而且到現在仍然無法給您確切答案。我們都希望課程能順利辦理，耽誤學員時間真是很抱歉！

李先生：我也了解現在課程招生不容易，但是你們的承辦人員不僅一直無法給明確答案，而且口氣很差，一直強調沒有說一定會順利開班！

主　管：真是抱歉！請您諒解，怡如剛到我們單位服務不久，她很努力，但是招生壓力很大，可能之前有遇到類似延班情形，學員給予很大壓力，延班後又沒順利開班，受到學員激烈苛責。請您體諒，她的工作不容易，她可能覺得要講清楚，才不會與學員期待有太大落差。但是我會提醒她要多注意溝通的語氣，我會多開導她。

李先生：確實要糾正她！

主　管：謝謝您！李先生您在職場的經驗一定很豐富，您必定也了解這種情況下的溝通並不容易，加上招生的變數多，情勢複雜度高，需要很高的應答與溝通技巧，她還年輕，需要多學習，請您多包涵！但是我保證她絕對沒有不尊重您的意思，也絕不希望讓您有不舒服的感覺。這次招生確實很難掌握，其他單位類似課程也是招生困難。

李先生：我覺得一定是這梯次課程數太多才會有招生問題，我參加這類型課程很多次了。

主　管：是呀！您真是經驗豐富。我們是第一次開辦設計領域的課程，本來希望能發揮我們單位的特長，沒想到會遇到這樣的狀況。我想您可以理解，我們很不願意看到課程沒開成，因為我們從規劃課程、向政府投標申請補助，以及到招生整個過程，已經投入很多心力。

（續下頁）

李先生：這我當然了解，我也想看看可以再報名你們其他的
　　　　課程。

主　管：謝謝！我們最近有開發很多新課程，希望能提供職場
　　　　人士有實質幫助的進修。這個課還有幾天的招生時
　　　　間，我們會盡最大努力讓課開成，但是還沒達到開課
　　　　門檻之前，確實無法給您答覆。

李先生：我也希望課能開成，因為我已經等快1個月了！

主　管：李先生是否也可以幫忙我們找其他有興趣的人來
　　　　報名？

李先生：沒問題！我會幫忙找人！如果真的開不成，我會考慮
　　　　轉報名你們其他課程。

主　管：真是太感謝您了！課程一有進展一定馬上跟您回報！

◆ 案例分析

1. 主管與投訴顧客之電話對談不僅化解抱怨，並且也翻轉與顧客之關係，
   顧客甚至願意幫忙找其他顧客。

2. 主管溝通的撇步：

   (1) 先道歉，再了解原委。

   (2) 找出激怒顧客的關鍵對話：「我們一直都沒有說一定會順利開班！」

   (3) 針對顧客動怒的癥結進行安撫，平息對方怒火，想辦法讓對方心
   　　情平靜下來，順勢轉移話題與焦點，找到對方的興趣與雙方對話
   　　之交集。

   (4) 讓對方了解業務的困難，爭取對方諒解與支持。

   (5) 博感情，爭取協助。

3. 主管並不打算責備同仁，因為主管深知這是頗高難度的溝通課題，擦槍
   走火難免，但是會找機會很柔軟的提醒及教導，畢竟同仁需要有謙虛的
   心，以及更多歷練，才能領略箇中奧妙。從這次投訴事件，主管也領略
   到即使一個基層承辦人員的溝通語氣，都攸關重大，對於業務推展的影
   響程度不容忽略！

溝通小 Tip

　　高難度的溝通技巧沒有理論，也沒有撇步，必備的是一顆善解人意的心、同理心、豐富的經驗，以及溝通過程中很靈活的應變能力，要有能逆轉情境的溝通能力！

（七）給顧客台階下

　　在交易及顧客服務的過程，當成交價格或其他交易條件僵持不下時，有時會發生顧客其實內心已經做好盤算，知道這個交易是划算的，可是因著雙方協議過程已經形成僵局，放下身段成交有其難為之處，善解人意的業務員必能從顧客的口氣及態度中，洞察顧客的心情狀態，並且很貼心的給顧客台階下，有技巧的運用溝通藝術，讓顧客很有尊嚴、很開心的達成交易。適時給顧客台階下是顧客溝通中重要的一門課，例如：在協議一個高單價產品過程，雙方討價還價僵持不下，賣方自己很清楚已降至最低價位，但買方仍擺出價格過高的態度，但從言語互動中察言觀色，賣方已經可以感受到買方對價格的堅持已有保留，也觀察到顧客對產品的滿意與需要，此時服務人員必須很巧妙的運用柔性語言給顧客台階下，比如：「這樣優質產品配上您這樣水準的顧客才有價值！」聽到這恭維的話顧客的尊嚴賺到了，自然願意開心買單！給顧客台階下，常常是買賣成交的最後一哩，專業的服務人員要耐心完成，切忌在最後關頭失去耐性，跟顧客在情緒上較勁，或是耍酷擺個性，最後不僅交易沒成，浪費許多時間跟顧客周旋，並且也給自己留下滿肚子悶氣！

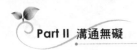

 職場放大鏡 強人所難的顧客

案例情境

1. 文教機構主管在某項課程（設計領域）招生截止日的隔日，接到民眾林先生來電要求讓他參加課程，林先生表示非常希望能參加該課程，可是看到課程訊息時已經截止報名，希望主管能通融。林先生表示已經跟業務承辦同仁反應，但同仁很明確回絕，所以才直接找主管爭取。承辦同仁向主管報告，已經重複跟林先生說明沒有補救方案，但林先生仍然執意要爭取參加。

2. 主管當下很客氣的說明該課程是政府單位補助，必須依照規定辦理，會主動幫忙詢問政府單位是否有補助方法，盡量幫忙爭取，請他也直接跟補助單位詢問能否通融。主管也立即交代承辦同仁盡量幫忙。

3. 隔天，該課程依計畫時程完成報名學員的甄選之後，林先生在未經徵詢情況下，直接衝到辦公室希望當面再跟主管請託。主管很訝異事情尚未了結，以為已詢問清楚，林先生也知難而退了，沒料到居然直接衝到辦公室！

4. 主管在無預警、毫無心情準備的情況之下面見林先生，見面時先簡單詢問、了解林先生背景後，即刻釐清：承辦同仁向補助單位詢問的結果，以及林生先親赴補助單位詢問，結果一致都是「無法通融」。林先生當下聽到這樣的訊息，立即起身向主管做出激烈的請託舉動。

5. 主管雖受驚嚇，但是仍然用很鎮定的語氣進行以下安撫與溝通：

   林先生，您先請坐！是否讓我們冷靜下來談談怎樣處理較好？
   我們完全理解您急著要參加這個課程的心情，以及您渴望學習
   的心，但是真是很遺憾，錯過報名時間，報名系統已經關閉，
   完全沒有轉圜空間。請體諒我們的困難，因為這個課程是政府
   全額補助，所以我們必須完全依照規定，政府單位因為補助單
   位及課程相當多，所以必須用這種全自動作業系統來處理，以
   防範出弊端，正因為如此，所以系統可以容許的彈性非常小，

必須大家都遵守規定，整個系統才能正常運作。也因為如此，開課以後，他們的查核也非常嚴格，他們在開課期間會經常不定期到教室查核，一旦發現有違規事項，不僅課程無法繼續進行，我們也會遭到嚴厲懲罰，可能日後無法再申請補助。

林先生聽到這，初步了解參與課程似乎無望，於是再度提出：「若是我自費上課呢？」

承辦同仁在旁立即答覆：「也問過補助單位了，自費上課仍然不被允許，而且補助單位特別叮嚀我們絕對不能違反規定。」

林先生展現再度失望的表情，主管覺得有必要繼續開導與說服……

林先生，您願意自費上課的心非常令人感動，但是，撇開規定不談，自費對您的負擔會很重，這是一個長時數的課程，費用很高，既然您都已願意付費來上課，您是否考慮參考我們目前正在招生的其他課程，包括沒有申請政府補助的課程（承辦同仁馬上遞上課程文宣資料），您既然有心學習設計相關技能，而您目前也未具備設計相關技能，應該也不清楚設計領域涵蓋的範圍，所以建議您不妨考慮先參加我們開的其他課程，而且再過半年我們就會再申請這個課程補助，下一梯次請您再來參加。林先生，學習是長期的，不用急於一時（主管說這句話時特別與林先先眼神交會，希望能引起他注意），況且設計領域寬廣，可學習的題材很多，說不定您先參加其他課程，反而發現這些才是您最想學習的，說不定是上天特別安排您無法參加目前課程，因而參加其他課程，找到對您更有用的東西！這些課程資料您好好參考，我們目前也正在規劃、即將推出好幾個設計領域之新課程，內容都非常精采，我建議您從這些地方找到您進修的方向，學習真的不用急於一時！設計領域的課程地圖很寬廣多元，林先生您也可以趁這個機會好好規劃您的學習地圖，找到您學習地圖跟我們設計領域課程地圖的交集，您的選擇將會更多！

（續下頁）

談到這裡，林先生看起來心情已經完全平靜，而且主管表達的想法（學習不用急於一時）以及提供的建議，林先生也頻頻點頭認同。

最後，林先生帶著單位提供的新課程資料平和的離開。

◆ **案例分析**

1. 商場上無法避免碰到強人所難的顧客，這類型顧客雖然不盡然是奧客，但是他們挑戰規定、衝撞界線、爭取特權的態度，是主辦單位很難處理的商業溝通課題！

2. 處理這類型個案需要相當豐富的職場經驗與臨場應變能力，可參考下列步驟：

   (1) 安撫顧客情緒：根據顧客的表達型態、表情與肢體語言，判斷顧客的心理狀態，找到適當的溝通調性與之寒暄並進行初步溝通，設法讓激動的顧客心情緩和下來。

   (2) 動之以情：用誠懇、平和的態度讚美、肯定顧客（肯定其積極爭取學習機會的心），讓顧客卸下心防。讓顧客了解我方為了爭取他的權益做了哪些努力。

   (3) 喻之以理：分析情勢，讓對方了解目前確實無權宜及解套方案，包括違反規定必須承擔之代價或風險（被查核違規將受到之懲罰），以及顧客可能連帶之損失（課程被迫停止）。讓他了解執意衝撞規定不僅鋌而走險，主辦單位及顧客權益都將受損。

   (4) 引導思維，轉移焦點：順應溝通過程顧客提供之訊息（願意自費上課）以及顧客反應，引導更寬闊之思維（可以參加更多課程），讓顧客跳脫原先堅持之思維與決策空間，幫助他轉移焦點，放大關注範圍，一旦顧客心結打開，心思開闊了，接著即刻進一步提供具體且有建設性之替代方案，可以順利引導他另類思維，很平和的放棄原先固執的點。

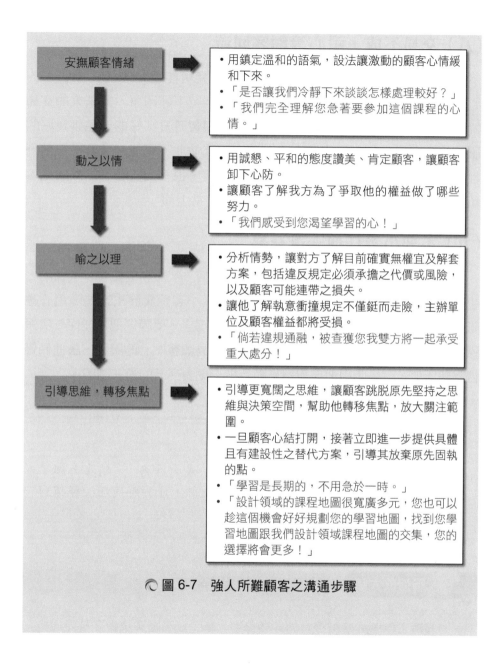

◎ 圖 6-7　強人所難顧客之溝通步驟

（八）交易不成，耐心等顧客回流

當然，即使周旋半天，好話說盡，終究可能還是未能打動顧客的心，這時候還是要有耐性完成服務，給顧客留下好印象，為未來的交易鋪路，顧客的心多變，時過境遷，或經過短暫時日，好的產品以及好的服務終究有機會回到顧客腦海中，顧客回流並非不可能，甚至，很戲劇性的，有些顧客要繞一大圈才會做最後決策，很多回流顧客的採購量遠超過前次未成交的金額，這樣的商業情節經常上演。

（九）不要小看任何一筆交易

從前述可歸納出服務信條：不要輕忽任何一次服務的機會，同樣的，也不要小看任何一筆交易，很多大客戶是從小客戶發展出來的，用心經營，小交易很有機會發展出未來的大交易，總之，要謹慎把握任何一次與顧客接觸、溝通的機會。有誠意的提供小交易顧客貼心的服務，讓他們覺得物超所值，這是吸引他們繼續惠顧及投入更大交易的潛在誘因。

溝通小 Tip

消費者買的不是特色，而是「優點」或「益處」，銷售大師了解如何去走顧客的路，他們是頂級溝通大師，能夠將同理心發揮到極致。

 職場放大鏡　被顧客拒絕的溝通心法

知識工作者經常有機會向顧客提案，為了提高提案被顧客接受的機率，用心的提案者會事先做功課，掌握顧客相關資訊，以求提案能對準顧客需求，然而，在充分準備之下，還是被顧客拒絕，這時該用怎樣的態度來看待呢？

◆ 案例情境

　　田主任是某管理顧問公司主管，為了拓展業務，積極經營企業內訓業務，透過相關社群關係，尋找較具規模且有教育訓練需求之企業，推薦對企業營運有關的教育訓練課程。很巧合的，在一次校友餐會認識到某家大型 DIY 居家修繕工具與材料販賣連鎖 T 公司的葉總經理，田主任簡單說明可以提供企業教育訓練服務，葉總也當下表達有需要，並允諾回公司立即交代人資主管與田主任磋商合作事宜。

　　3 天後田主任接到 T 公司人資主管丁處長來電，電話中大約了解公司目前教育訓練需求，約好 1 週後 T 公司來拜訪。拜訪前田主任內心盤算可以推薦哪些課程，初步判斷可以特別推薦一個「設計思考」課程，並且聯繫該課程講師黃老師，邀請他一起出席 1 週後來訪的洽談會議，黃老師允諾，並且主動表明會先蒐集該公司相關資訊，針對該課程提供簡略介紹，以方便當天商談。黃老師是田主任剛納入師資陣容的人選，係透過熟識的校友引介，雖尚未有合作經驗，但對黃老師積極認真的態度初步建立好感度。

　　1 週後的商談會議，丁處長偕同業務部門林經理一同拜訪田主任與黃老師，會中田主任除了推薦管理課程訓練之外，特別推薦「設計思考」課程，因為黃老師已事先做功課，了解企業營運現況相關資訊，商談中跟丁處長及林經理的溝通很順暢，對方也盛讚黃老師事前準備的用心。同時，黃老師當場提供的課綱也立即得到很正面的回應，吸引他們的興趣。於是，當天商談會議決議，邀請田主任及黃老師一起赴 T 公司與相關業務部門進一步討論，磋商「設計思考」課程。進行到此，雙方合作洽談非常順利！

　　雙方約定 2 週後赴 T 公司再次商談。再度會面之前，黃老師再度針對第一次會談獲悉業務部門的業務瓶頸與問題，重新規劃課程內容，並透過田主任傳給 T 公司指定的協調窗口林經理，透過林經理傳送課綱，確認所規劃方向契合業務部門狀況與需求，5 天後林經理回覆規劃方向妥當，也大致對準部門的營運問題。進行到此，雙方合作洽談依然非常順利！

　　2 週後，田主任偕同黃老師拜訪 T 公司，針對事前規劃的課綱進一步深入討論，也談及訓練場地、時間、方式等細節，雙方頗有共識，會談的

（續下頁）

幾位部門經理人都對該課程規劃表達高度興趣，也認同課綱的專業度，並未提出任何異議，只剩餘一些部門分工細節要等 T 公司內部討論回覆即可執行訓練計畫，會後統籌合作事宜的林經理並立即請田主任針對訓練課程報價，田主任回應等細節確定後再報價不遲，於是，田主任與黃老師心情輕鬆的離開 T 公司，兩人心中都認為合作定案似可預期。針對還要再確認的細節，兩人也馬上商量好，並於隔日提供建議給林經理，希望能幫助他們儘快敲定訓練細節。接下來等林經理回覆，即可開跑。

　　5 天之後，很意外的得到林經理回覆，經過業務部門討論，本年度暫時不進行教育訓練，理由是必須先處理另一問題（該問題商談過程並未提及！）待明年再行商議合作！這樣的訊息讓田主任很錯愕！一方面是磋商過程相當順利，對方也一直展現合作誠意與需求，突然喊停令人難接受，另方面是認真的黃老師確實已經投入很多精神與心力規劃，要轉告這消息給黃老師令田主任相當為難！

　　但是，田主任還是選擇面對並接受這樣的處境，在第一時間將訊息轉告給黃老師，內心擔憂且預期會得到黃老師負面的反應，沒料到黃老師立即給予非常正面的回應：「沒關係，這也算正常，一次就通關的機會本來就不高！」田主任對於黃老師出乎意料的正面回應很驚訝，敬佩他的沉穩以及正向的心態。

案例分析

　　黃老師的表現與回應展現幾項正向特質與優勢：

1. 「認真且專業」的態度絕對是職場建立贏面的重要根基，黃老師這樣的特質讓田主任及 T 公司主管印象深刻，奠定日後合作的利多！

2. 被顧客拒絕能馬上展現正向回應，這樣的態度與溝通素養，讓田主任樂於日後提供、甚至積極幫忙尋找合作企業；反之，一被顧客拒絕就展現不接受及抱怨等負面情緒的人，會讓人對於再跟他合作卻步，因為跟這樣特質的人合作倍感壓力！

3. 如同銷售有形商品，推薦教育訓練等類無形商品抱持「很難一次推銷成功！」的態度是健康、積極的商務溝通素養。

4. 事前做足功課大大提升溝通效率，即便未成案，也降低磋商過程時間的浪費。這樣的處理模式，稱得上是高等級的商業溝通。

5. 雖未成案，但磋商過程隱藏種種學習，累積產業知識以及對產業營運考量的敏感度，這些能力都是服務企業必修的學分。「十年磨一劍！」成熟穩健的從每次成功的機會、不成功的機會中學習、檢討、精進，一步一腳印，自然可以累積深厚的專業與功力。

 職場放大鏡 折扣的價值

案例情境

1. 某高階主管 A 女士結識餐飲企業老闆 P 先生，雙方建立合作關係，由 A 女士單位輔導 P 先生餐廳的經營管理及人力培訓，P 先生透露餐廳正在積極拓展分店，未來將朝向連鎖化發展。

2. 某日 A 女士要參加高中同學會聚餐，推薦聚餐地點選擇在 P 先生餐廳，並事前透過 P 先生訂位，且確認所有參加聚餐者均未曾來過該家餐廳。

3. 因雙方合作關係，A 女士覺得有義務要利用各種機會協助餐廳營運，推薦這家餐廳，一方面自己想利用機會觀摩餐廳之營運及服務，一方面也希望將餐廳推薦給參加的同學，幫忙餐廳推廣行銷。

4. 基於想幫餐廳推廣的想法，用餐時 A 女士詢問服務生老闆 P 先生是否會到店裡，希望能介紹老闆給聚餐的同學認識，提高同學再惠顧之意願。服務生答覆老闆等會會到店裡。A 女士請求服務生當老闆到達店裡時請他到 A 女士用餐桌會個面，服務生答應會轉達。

5. 中間一直沒與 P 先生照面，A 女士三度請求服務生轉告，但還是沒碰到 P 先生。

6. 最後，用餐時間已到（店裡有用餐時間限制），A 女士到櫃台買單時再次詢問櫃台小姐 P 先生是否來到店裡？

（續下頁）

7. 接下來的對話令 A 女士有點難堪！

　　櫃台小姐：老闆已經來過且離開了！
　　A　女　士：怎會這樣？一直等著跟他會面！
　　櫃台小姐：已經幫你們打 8 折了！
　　A　女　士：尷尬苦笑……。

◆ 案例分析

1. 餐廳似乎很不重視顧客關係的經營，沒有判斷顧客的能力。單向的猜測顧客都是喜歡撿便宜，這種服務的態度顯示商業溝通能力相當不足！

2. 老闆 P 先生對剛建立合作關係的 A 女士認知不足，用小餐館的經營眼光，忽略顧客經營的長期佈局，與積極拓展業務的佈局有落差，P 先生可能偏重在有形的硬體及菜色的提升，疏忽了商業溝通與服務等軟實力的提升。

3. 都會區餐飲選擇多元，顧客忠誠度很難掌握，類似這種讓高級顧客尷尬、難堪的對話，必然讓有高消費力的顧客一個個流失！

溝通小 Tip

問題顧客的應對

　　學校問題學生、家庭問題小孩、企業問題顧客在所難免，一般的處理方式通常是「傾聽」對方問題之後，直接尋求解決方法。但是，很多問題人物之所以成為問題，表示其問題必定累積已久，並且通常也是積重難返，不是三言兩語可以討論出解套方案，所以遵循前述的應對流程依然無法解決問題，爭執與衝突仍舊存在。尤其企業所面對的問題顧客經常是突發性，必須在無預警的狀況下立即處理，所以企業人必須建立一套有效的應對步驟，在傾聽與解決之間，加入「理解」與「提問」兩個步驟：

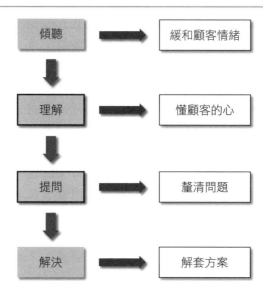

◎ 圖 6-8　問題顧客之處理步驟

1. 傾聽：先處理心情再處理事情

　　傾聽是溝通與衝突處理的基本步驟，無論顧客多麼不講理，調解人員都要靜下心來，耐心傾聽顧客心聲與抱怨，讓顧客高昂的情緒緩和下來。傾聽是一個需要用心用力的工作，好的傾聽者不僅能夠聽到顧客言語的重點，也能讀到顧客的情感，傾聽過程中善用傾聽技巧：面向顧客、保持目光接觸、觀察顧客之身體語言，適時以肯定及稱讚回應顧客。處理問題顧客通常都是在緊急與突發狀況之下，所以並沒有很充裕的時間可以傾聽顧客的心聲，故而必須很有效率地在短時間內完成這項任務。

2. 理解：用理解建立彼此的信任關係

　　了解顧客的抱怨之後，接著要展現同理心，讓顧客感受企業關心他、懂他的心，讓他卸下心防。這階段是整個處理過程最關鍵的步驟，要很有技巧的把握顧客情緒緩和下來的這段時間，用理解來建立與顧客間的信任關係，藉由理解來安撫顧客情緒，讓他能好好表達想法與不滿，當你能用同理心回應、說出顧客的心情時，他才

（續下頁）

信任你是認真且關心他的不滿與需求，並且真心誠意的設法處理爭執。要有技巧的針對顧客的抱怨與情緒引爆點，運用關心的溝通語言收服對方的心。這個階段相當重要，若是傾聽之後直接跳過這個階段，尚未與顧客建立信任關係的情況下，想要直接進入問題的解決討論階段，很有可能讓顧客感覺是在應付或敷衍他，在這種心情之下，要找到雙方的共識相對困難。

這個階段可以運用的溝通語言：我想剛才的狀況一定讓您感到很生氣、因未超過期限而沒能順利報名您必定很遺憾、我們延後開班必定對您的時間安排造成很大困擾、我們櫃台服務人員的回答一定讓您覺得很不受尊重、花了這麼多錢買了我們的產品卻沒有達到功能，您一定很不甘心……。當然，傳達這些語言給顧客的時候，要配合適宜的表情與聲音語調展現誠意與關懷，才能順利的傳達對顧客的同理心。

3. 提問：釐清問題及蒐集資訊

運用這些語言說出顧客的心聲，讓顧客感受到他的心情已被了解，接下來要用開放性問題，從與顧客溝通中蒐集相關資訊，掌握問題全貌與顧客期待，從中盤算對企業最有利且可被顧客接受的解決方案。例如：

(1) 這一個課程恐怕因為規定無法通融，但是我們還有開很多相關課程，不知是否也符合您的學習規劃？

(2) 您發現這個產品的問題已經多久了？之前有跟維修部門反映過嗎？您上網訂購我們的商品有多久了？第一次發現瑕疵品嗎？

(3) 服務人員說了什麼而讓您有這樣的感覺？

4. 解決

安撫顧客情緒、得到顧客信任，並且釐清問題之後，就要進入問題解決階段。比較好的處理方式還是要營造共同解決問題的情境，「我們可以一起討論看看哪些部分可以做調整？」、「您覺得依目前的規定我們可以再幫您爭取哪些權益？」用這些溝通語言與顧客心平氣和的找尋雙方可以接受的解決方案。當然，在解決方案過程不容易達到共識，當顧客提出條件時，企業端千萬不能直接了當

的回絕，明知顧客建議不可行，還是要用婉轉、潤飾的言詞轉移顧客關注點，例如：很遺憾我們的作法可能必須要先處理……，再看看……，通常如果能夠在前面三個階段做好顧客情緒的安撫與信任關係的建立，大部分顧客的心已經被收服得差不多，很容易雙方各退一步就找到共識。

 職場放大鏡 逆轉當下情緒，用溝通力破解僵局

各行各業從業人員在執行業務過程，必定有遭遇困難的時候，事發當時當事者的態度與處理方式，反映出其職場性格與工作能力。

案例情境

文祺負責辦理某長期訓練活動，訓練之前辦理招生作業，該訓練活動有政府補助，所以報名民眾必須填報及提供較繁瑣的資料，並且要通過甄試才能參訓。招生期間黃先生多次電話詢問報名事宜，文祺雖很有耐心逐一說明相關規定，但黃先生不斷反覆詢問相同問題之外，針對文祺要求提供的文件，一直丟三落四，交代寄送的補充文件也一直沒送達。因此，文祺對於該顧客印象相當不好！

在課程報名截止當天上午，黃先生親自到辦公室詢問報名事宜，文祺告知有一份報名文件尚未收到，無法完成報名手續。黃先生非常心急，擔心喪失參訓資格，所以一直請求文祺再找找文件。文祺質問黃先生，事前已電話交代要用掛號寄送才能較快速且有保障，但黃先生卻還是以限時寄送！文祺一再質問為何不用掛號寄送，也一再告知每天都有收信件，「沒收到就是沒收到！」黃先生急了，提高音量質問：「有去找嗎？」文祺也被激怒，答道：「怎麼找？難道要把全公司 30 幾個單位的信件翻出來找？」爭執到此煙硝味十足，在個人辦公室的主管已經聽他們吵了 20 幾分鐘，也感受到即將爆開的氣氛。主管覺得必須涉入處理，於是從辦公室走出來到兩人面前。

（續下頁）

　　主管以完全不了解爭執事端的姿態，很客氣的詢問黃先生事情原委，也再跟文祺確認目前未收到文件，黃先生跟主管請求通融，先允許其參加甄試再補件，但文祺馬上告知必須遵照規定，無法通融！主管看到文祺及黃先生面對面站立，兩人都是呈現憤怒的表情，文祺雖為文弱女子，但當時已經呈現非常僵硬的姿勢，以及急躁的口氣！主管刻意以溫和且不疾不徐的口氣跟黃先生說：「不要急！我們來看看要怎麼處理！」既然目前卡在還沒有收到黃先生寄的文件，黃先生也一直質疑有去找嗎？當下主管馬上當著兩人的面，指定坐在一旁的工讀生立即前往收發處看看有無信件。在等待的同時，主管回到辦公室，一方面心裡盤算著，等下工讀生有帶回信以及空手回來，兩種狀況分別的處理方案。這時候，文祺慌張的衝進主管辦公室，告訴主管：「我們真的要去找嗎？黃先生說的都是假的，是否只要應付一下就回他沒找到信件？」主管有點錯愕，都是假的是什麼意思？但是工讀生已經去找了，所以主管請文祺再稍等幾分鐘，若是真的找不到再看如何處理。另外，為讓黃先生情緒緩和下來，主管帶他到會客室坐下等待，並且請同仁奉茶，黃先生本來客氣推辭說不必麻煩，但主管還是堅持奉茶，等待過程看到黃先生安靜的喝著茶。

　　有趣的狀況發生了！大約 15 分鐘後，工讀生返回，雙手抱著一疊信件，從中果然找到黃先生寄出的信件！主管將信件交給文祺確認裡面文件無誤，完成黃先生報名手續，黃先生很有禮貌的跟主管道謝後離開，整個事件順利落幕。

◆ 案例分析

1. 文祺的溝通盲點：

    (1) 文祺因為先前在電話上與黃先生的溝通並不順暢，導致她對黃先生不信任，連帶認定他到現場講的話都是捏造，顯然因為情緒被挑起，導致沒能客觀應對。

    (2) 在爭執的當下，文祺該力求理性的分析，既然只要 15 分鐘就可釐清是否收到信件，何不就事論事，在陷入激烈爭執之前，就請工讀生前往收信確認。

(3) 文祺因為沒有掌控自己及顧客的情緒，採取「據理力爭」的態度，讓情緒干擾阻礙溝通。

2. 主管的溝通力：

(1) 主管的處理方式從頭到尾其實只運用「安撫」策略。先安撫黃先生情緒，讓他情緒不再升高，「情緒緩和下來才能溝通」。

(2) 主管很理性果斷的請工讀生前往收件，讓事件有轉圜，否則可能陷入激烈衝突、弄僵，讓情勢難以收拾。

(3) 主管很清楚面對不友善的顧客更要放下身段、柔性溝通，這種情境下不能執著在「講道理」，關鍵在於「處理情緒」。

(4) 主管善用「尊榮策略」，先安撫情緒，繼而柔性溝通加上親切奉茶，讓顧客從「被質疑」的感覺轉移到「受尊重」的感覺，情緒逆轉，爭取到溝通及處理的時機，所幸信件也找到，即時解開燃眉之急，讓案情逆轉，破解僵局！

3. 職場上無論對內或對外，難免會遇到不友善、難溝通的對象，當下想要溝通勝出，勢必平時就要培養自己的情緒管理能力，用高「情緒商數」逆轉溝通對手的情緒，破解溝通僵局。

二 顧客經營

　　任何事業的運作都要把顧客經營視為重要議題，很多傳產型中小企業其經營關鍵能量其實就在於顧客經營，掌握重要顧客即掌握企業主要訂單與營收。本文針對重要顧客關係之維持進行探討，雖然顧客經營策略因業種、業態及顧客定位而有所不同，但是站在商業溝通角度，本節提供一些共通性策略參考如表 6-2，分述於後。

表 6-2　顧客經營策略

策略	執行原則
知己知彼	• 找到與顧客之交集，再進一步建立連結。 　– 企業有哪些優勢與能量，對顧客有價值？ 　– 顧客的經營風格？ 　– 顧客在營運上有哪些潛在需求？ 　– 顧客除了營運上，還有其他哪些需求？
互惠雙贏	• 雙方關係能否維持，關鍵在於能否建立互惠雙贏之關係。 • 分析顧客營運方面及非營運方面之需求，掌握自身的優勢及能量。 • 從前述分析找到與顧客之交集，建立雙贏合作模式。
網網相連	• 顧客關係的經營關鍵在於「資源的連結」。 • 服務提供者掌握愈多資源與能量，可以跟顧客建立之連結愈多。 • 顧客經營如同一個網路系統，網中有網，網網相連，連來連去找到很多原先預期之外的交集，從這個商機連到下一個商機，從這個顧客連到另一個顧客。
長期經營	• 企業營運與產業環境是動態的，此一時彼一時，維持關係才有機會建立合作機會。 • 曾經有過正面關係的顧客，都應列入長期關係名單中，盡量維持穩定的互動關係，耐心等待下一個合作機會。

（一）知己知彼

　　顧客經營如同結交一個商場朋友，其中當然無法避免商業利益之考量，建立關係之前必須先了解企業與顧客可以在哪些方面有交集，再進一步建立連結，知己知彼，可思考下列方向：

1. 企業有哪些優勢與能量，對顧客有價值？
2. 顧客的經營風格？
3. 顧客在營運上有哪些潛在需求？
4. 顧客除了營運上，還有其他哪些需求？

（二）互惠雙贏

在商言商，基於商業關係建立之顧客關係自然擺脫不了商業利益之考量，關係能否維持，關鍵在於能否建立互惠雙贏之關係。前已分析過顧客營運方面及非營運方面之需求，也掌握自身的優勢及能量，接著要從這些分析找到與顧客之交集，建立雙贏合作模式。雖然從商業合作關係切入，不過很多情形是，最後雙方的交集可能與剛開始所設想的有極大差距，最好的結果是最後的合作範圍及深度遠超過原先設想的。一旦建立正向關係，很多合作機會衍生出來。

（三）網網相連

顧客關係的經營關鍵在於「資源的連結」，服務提供者掌握愈多資源與能量，可以跟顧客建立之連結自然愈多，很多合作機會是經過多個不同資源的連結，如同一個網路系統，網中有網，網網相連，連來連去找到很多原先預期之外的交集，從這個商機連到下一個商機，從這個顧客連到另一個顧客。當然，要讓這些連結順暢，還要加上服務者「健談」及「多元涉獵」的特質，很多商機是在無目的的社交聊天中發現，而具備「健談」及「多元涉獵」特質的人總是能夠在與潛在顧客溝通或社交過程，成功的自我行銷，並且發掘很多可以與顧客建立連結的機會。

（四）長期經營

有些顧客可能在某個時間點沒法建立交集，但是企業營運與產業環境都是動態的，此一時彼一時，維持關係才有機會建立下次合作機會。只要是曾經有過正面關係的顧客，都應列入長期關係名單中，盡量維持穩定的互動關係，耐心等待下一個合作機會。當然，有時顧客在暗處，企業在明處，暗藏在各個角落的顧客不時在觀看企業的產品、服務與表

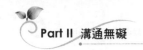

現，要落實長期經營的理念就該在平日的經營管理表現自我要求與突破，隨時等顧客上門。

三 衝突管理

與顧客發生爭執與衝突是無法完全避免的，小衝突發生若無適當處理，很容易演變成大衝突，甚至導致重創企業形象的大災難；若能適當處理，也有機會化危機為轉機，得到顧客更高認同感，建立更緊密關係。衝突的處理通常必須朝向建立雙贏的關係尋求折衷方案，雙贏並非表示沒有任何犧牲，但雙方透過某些程度的讓步，協議一個雙方都可接受的模式，以部分妥協的犧牲換取其他面向等價的方案。衝突管理可以參考的技巧如表 6-3，分述於後。

表 6-3　顧客衝突管理策略

策略	執行原則
站在顧客角度柔性協商	• 愈是難溝通的顧客愈須以柔性方式處理，以溫和方式傾聽顧客心聲及抱怨，消弭其怒氣，徹底了解其觀點及堅持的理由，掌握完整的訊息才能進一步取得雙方可以接受的平衡點。 • 把持「解決問題」的態度，絕對不能堅持跟顧客爭是非對錯的態度，硬要跟顧客爭對錯的結果，通常只會把事情擴大，甚至釀成難以收拾的重大災難！
以企業損失降至最低為前提，適度妥協	• 接受顧客要求： 　－公司將承受之有形（或無形）損失？ 　－有無補救方案，以降低損失？ • 不接受顧客要求： 　－公司將承受之無形損失？通常是企業形象受創。 　－企業能否承擔形象損傷？ 　－企業損失是否會繼續蔓延？ • 可有協商空間，在接受與不接受中間找到第三方案？

表 6-3　顧客衝突管理策略（續）

策略	執行原則
讓顧客感受到企業的誠意	• 憤怒的顧客需要台階下，須妥善處理顧客情緒，讓對方感受到企業的誠意，樹立服務品質的好形象。 • 妥善的處理有機會跟顧客建立進一步友好關係，把奧客變成忠誠顧客。
從衝突中學習服務精進	• 從顧客抱怨內容虛心檢討，通常可以發掘原先設計不良、語意不清或顧客權益規定不明確等問題，應針對這些瑕疵進行修正，這是從衝突處理中可以得到的收穫。 • 很多產品或服務的精進都是受惠於顧客抱怨與投訴。

（一）站在顧客角度柔性協商

衝突的發生必然因為雙方立場不同，即使是難搞的奧客，必定有其堅持的立論點。衝突發生時，為了讓單位的有形與無形損失降到最低，愈是難溝通的顧客愈須以柔性方式處理，以溫和方式傾聽顧客心聲及抱怨，消弭其怒氣，徹底了解其觀點及堅持的理由，掌握完整的訊息才能進一步取得雙方可以接受的平衡點。顧客衝突的處理務必把持「解決問題」的態度，絕對不能堅持跟顧客爭是非對錯的態度，後者的處理態度通常不僅不能解決衝突，硬要跟顧客爭對錯的結果，通常只會把事情擴大，甚至釀成難以收拾的重大災難！這種情況在服務業尤其容易發生，由於服務具備無形，以及很難留下「證據」的特質，所以很容易發生與顧客間認知的差距，對於衝突的管理更應謹慎為上！

（二）以企業損失降至最低為前提，適度妥協

衝突協商通常面臨到顧客權益與企業利益的對抗，協商主事者必須理性分析整體影響層面，找到雙方可接受且對企業最有利的方案，其中企業必定要有適度妥協，要考量下列層面：

1. 接受顧客要求：

(1) 公司將承受之有形（或無形）損失？

(2) 有無補救方案，以降低損失？

2. 不接受顧客要求：

(1) 公司將承受之無形損失？通常是企業形象受創。

(2) 企業能否承擔形象損傷？

(3) 企業損失是否會繼續蔓延？

3. 有協商空間，在接受與不接受中間找到第三方案？

（三）讓顧客感受到企業的誠意

若採取接受顧客要求的方案，並不表示顧客怒氣就消除，憤怒的顧客更需要台階下，妥協的一方也要台階下，因此，妥善處理顧客情緒，讓對方感受到企業的誠意，樹立服務品質的好形象，營造這樣的情境也同時給企業台階下，擺明僅是一家優質企業處理無法避免的衝突事件。妥善的處理有機會跟顧客建立進一步友好關係，把奧客變成忠誠顧客。

（四）從衝突中學習服務精進

顧客衝突的處理經常是重新檢視產品服務設計及服務流程的好時機，從顧客抱怨內容虛心檢討，通常可以發掘原先設計不良、語意不清或顧客權益規定不明確等問題，應針對這些瑕疵進行修正，這是從衝突處理中可以得到的收穫，很多產品或服務的精進都是受惠於顧客抱怨與投訴。

 職場放大鏡　收服暴怒的顧客

◆ 案例情境

1. 某文教機構辦理課程招生，對象是在職人士。

2. 開課前 1 週發現招生人數低於預期，若如期開課利潤將過低。

3. 承辦人循往例採取延後 2 週開班之處理方式，並主動對已報名學員發出延班通知。

4. 隔日一位報名學員向承辦人投訴不應延班，並強調其已匯款繳費，延班將嚴重影響其「受教權」，也影響到其行程安排。

5. 承辦人與之密集協調，溫和的說明辦理單位的難處，並且也表示若影響對方之時程安排，願意以全額退費方式處理。

6. 該顧客不斷以威脅性書信堅持其受教權，並強烈暗示將訴諸法律，並指名要承辦單位主管直接向其說明。

7. 雙方關係處於緊張狀態。

8. 承辦單位主管了解事件原委後立即以電話向顧客說明，然在電話中對方依然言詞強烈，並維持威脅態度，表示將向單位最上層主管投訴。

◆ 案例分析

1. 解決方案分析

(1) 依顧客要求不延班：

　　A. 剩下 3 天招生時間，報名人數增加有限，無法達到預期目標，獲利將減少。

　　B. 減少之收入佔單位整體營收之比例其實很微小。

(2) 依辦理單位原規劃延班：

　　A. 顧客勢將力爭到底，形象傷害程度不敢想像！

　　B. 需耗費許多人力及時間與之周旋。

2. 處理結果

(1) 向顧客妥協不延班。

(2) 以文字感謝由於顧客之提醒，單位可以精進服務流程，日後當更加謹慎執行服務。

(3) 隨後經過柔性文字往返，顧客終於氣消。

(4) 顧客善意回應：提醒剩餘 3 天招生時間還可再加強之行銷管道，並且

（續下頁）

主動表示願意協助招生。最後，經其提醒承辦單位才發現原先網路報名系統的瑕疵。

(5) 妥善衝突管理的成果：

　　A. 顧客衝突解除。

　　B. 與衝突的顧客建立正向關係。

　　C. 發掘服務流程的瑕疵，並進行精進。

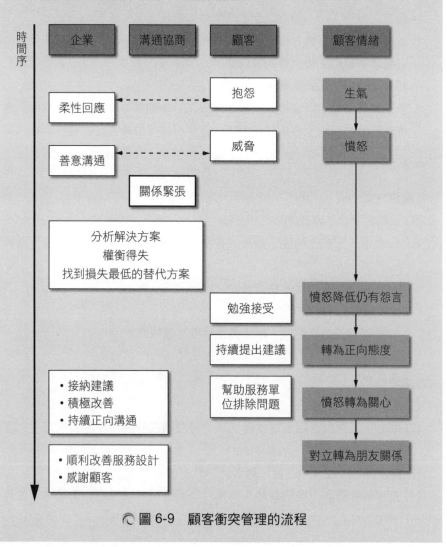

◎ 圖 6-9　顧客衝突管理的流程

D. 發現行之多年的作業系統瑕疵，並進行修正。

E. 經過相關環節修正調整，以及顧客之主動協助，報名人數增加，接近原預期目標。

F. 達成雙贏：雙方都從事件的處理中找到平衡點，也各有收穫。

圖 6-9 顯示整個溝通衝突處理過程中，顧客的抱怨與承辦單位採取處置作為的流程，從過程中可以清楚看到，成功的溝通可以讓極端對立的關係，轉化為朋友的關係，最可貴的是，歷經這樣深度的溝通，彼此更加了解對方的立場，建立了包容與信任，最終變成正向關係，顧客的意見不僅打破了行之已久的不當流程，並且也因為雙方關係的扭轉，讓顧客實際提供協助。這樣的經驗，讓承辦單位學習到寶貴的衝突管理經驗，也感受到一股無形的激勵力量！借助顧客的眼睛，看到業務及服務流程的盲點，這些盲點可能存在已久，因為這樣的顧客抱怨，才得到徹底的翻轉，做大幅的改善與精進，驗證那一句服務名言：「找麻煩的顧客正是服務精進的力量！」

問題討論

1. 試從您過去顧客服務經驗中，舉出與顧客有衝突時，您如何處理衝突？過程中有哪些對話或處置方式是妥當的、有利化解衝突的？哪些有欠妥當？

2. p. 125 表 6-1 顧客溝通守則中，「傾聽顧客心聲」的 6 項行為參考準則，您通常做到哪幾項，哪幾項做不到？知道自己做不到的原因嗎？是否有改進空間？

3. 在您的工作或生活經驗中，您曾經以顧客角色向提供服務者反應產品或服務品質不良時，對方的處理給您的觀感如何？試分別舉出正面及負面案例，說明對方的處理方式給您的感受。

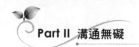

課堂 小遊戲

◆ 遊戲名稱：我懂你的心！

◆ 材　　料：空白小卡片一盒（卡片尺寸：約名片大小），學員自備
　　　　　　書寫筆。

◆ 遊戲設計：

1. 分組：4 人一組，圍坐在一起。

2. 老師將小卡片分給學生，每人 3 張卡片。

3. 每組隨意由其中 1 人開始分享工作或學習上最近的遭遇及心情。（2
　～ 3 分鐘）

4. 其他 3 人仔細傾聽之後，在卡片上用一句話寫下分享者的心情。
　（30 秒）

5. 寫好的 3 張卡片交給分享者。

6. 分享者看完 3 張卡片，選出一張最能貼近分享者心情的卡片，在卡
　片右下角用筆畫上愛心符號（只能選一張卡片畫愛心），完成後將
　3 張卡片交還給卡片主人。（30 秒）

7. 4 人輪流分享，重複 3 ～ 6 項內容。

8. 最後計算每個人手上卡片有愛心符號的數量，數量愈多表示傾聽能
　力愈高。

> 您覺得無法安撫抱怨的顧客，
> 內心很不安！………………
> ………………………… 。
>
> ♥

7 團隊溝通

配合當前的產業運作模式，以及職場環境需求，大部分企業徵才的條件均強調團隊合作能力，「團隊合作」已經成為職場求才的普遍性必要條件。然而，很多已經投入職場的人士，因著個性的限制，雖處在團隊中，卻自我封閉，不習慣、也不樂於與人互動，甚至有人以與人互動為苦，盡其所能迴避跟別人互動及合作的機會，在團隊中選擇自我孤立，這些人不僅很難成為職場的主流價值，更有可能逐漸淪為職場邊緣人，讓自己的職涯發展受限、受阻，甚至出局！每個人進入職場都帶著各自不同的原生性格，職場就是一個讓我們學習調適、適應社會多元價值的場所，不論自己屬於哪種性格，一旦選擇進入職場，就應該敞開心胸，順應產業趨勢及所處工作場域之需要，尤其大部分的人都會屬於某個或某些團隊中的一員，放下性格的捆綁，調整性情、融入團隊，將是對自己的職場學習與職涯發展有利的方向。

一 團隊溝通守則

團隊溝通守則如表 7-1 所列，分述於後。

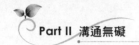

表 7-1 團隊溝通守則

溝通守則	行為準則
切忌置身於團隊之外	• 置身於團隊之外的工作態度,在職場發展上潛藏高度危機。 • 經常狀況外造成誤失或效率打折扣,很容易失去主管的信任。 • 在團隊合作難免的職場環境中,以獨行俠自居,不喜歡與人互動的性格,將面臨很大考驗與危機,自己必須有很高警覺性,以及積極突破的態度與作為,否則很難在職場生存。
廣結善緣,多與團隊成員建立連結	• 有長期佈局職場發展、積極企圖心的人,會設法與團隊成員建立業務上及業務外之連結,建立認同感與支持度。 • 建立連結的管道:業務切磋、個人興趣的交集、參與辦公室聚餐出遊等活動。
敞開心胸,向團隊成員學習	• 以開闊心胸正面思考。 • 積極發掘熱心助人的好同事。 • 多向資深同事請益。 • 從同事與主管的相處中觀察學習。

(一) 切忌置身於團隊之外

團隊成員間業務必然有其關聯性,自顧自的做自己的業務,不與團隊交流、不理會別人做哪些業務,這樣的工作態度很容易在團隊運作中出差錯,例如:因未掌握同事的業務,而重複處理同樣的業務,而且還採用早已被糾正之作法,以致效率低、成效差,更嚴重的是,重複處理一件同事都知道不須再處理的業務。置身於團隊之外的工作態度,在職場發展上潛藏高度危機,包括:遺漏重要訊息、喪失好機會或有利的資源、業務調整或分工時被惡整、被團隊邊緣化,這些潛藏危機小則讓自己工作情緒受影響,大則被邊緣化、被排擠。經常狀況外造成誤失或效率打折扣,很容易失去主管的信任,有時也可能不幸落入組織人力精簡的黑名單。在團隊合作無可避免的職場環境中,要把自己融進去,而不

是跳出來。以獨行俠自居，不喜歡與人互動的性格，將面臨很大考驗與危機，自己必須有很高警覺性，以及積極突破的態度與作為，否則很難在職場生存。主動關心團隊成員，多參與業務討論，了解團隊成員負責哪些業務、如何推動業務，讓自己融入團隊是最安全的策略。很多職場人都認同在自己的行業內建立人際網絡非常重要，也願意積極營造與顧客的關係，可是在此同時，職場人卻常常忽略了另一個人脈的面向，與企業內同事建立良好的關係。

（二）廣結善緣，多與團隊成員建立連結

有長期佈局職場發展、積極企圖心的人，會想辦法與團隊成員建立業務上及業務外之連結，建立認同感與支持度，長遠來看，要建立自己的班底，讓自己在職涯發展上晉升時擁有自己已經建立默契的團隊，或是在遇到職場意外或風暴時，有情義相挺的夥伴！

與團隊成員建立連結的管道很多，可以從業務切磋著手，也可以從個人興趣的交集切入，聚餐出遊等方式將連結管道延伸到辦公室之外，會有意想不到的效果。可以參考的作法如下：

1. 參加公司的內部活動：如聚餐、旅遊活動、運動競賽等。
2. 平時與同事閒聊。
3. 在日常交往中展現自己的優點與長處，讓同事更認識、認同你。

（三）敞開心胸，向團隊成員學習

團隊是很好的學習機會，團隊成員間業務關聯性高，很容易可以找到學習對象，學習較成熟的工作態度以及較有效率的工作方法，只要敞開心胸學習，不僅可以精進業務能力，也因為以開闊的胸襟與大家相處，更加融入團隊中。

對於一個團隊生力軍而言，儘速融入團隊並多方學習是讓自己勝任新工作的重要過程，以下提供幾個觀點供參考：

1. 以開闊心胸正面思考

　　有些初入職場的人，態度謙卑、放低身段、凡事請益，每一項業務不斷請教、感謝，這些人可能一開始是很不起眼的角色，但是經過一段時間的苦練，終於端出讓人驚訝的成績。孜孜不倦的請益、學習與感謝，讓他建立同事的認同感，也學習到最扎實的業務能力，最重要的，也在這段時間吸引主管的注意，建立信任關係。這種行事風格是典型的「先蹲後跳」，職場人應多多思考這個職場策略與哲學，蹲得愈低，跳得愈遠，蹲的時候是在累積跳的能量。初加入團隊的新手務必要有開闊的心胸，積極正面的思維，用最謙卑的態度學習，幫自己設想一個未來的願景，要達到那個願景必須經過哪些路徑，這樣的預想可以幫助自己理性、正向的看待過程中應該有的態度與該投入的努力。

2. 積極發掘熱心助人的好同事

　　職場上結交益友在工作上有很大幫助，雖然同儕間難免競爭，但總可以發掘與自己氣味相投、熱心助人的好同事，主動釋善意、廣結善緣。因此，職場人脈建立可以先從身邊做起。

3. 多向資深同事請益

　　資深的同事必定有很多經驗可以學習，應主動表達學習請益的心，謙卑的向前輩學習。時下很多職場新人自認擁有較高學歷或亮麗外表，對於資深前輩不屑與不敬，甚而冒犯挑釁，犯職場大忌！對大部分的產業與業務而言，「資歷與經驗」都是重要的業務資產，勝過學歷與容貌外形，資歷豐富的前輩必定在做事方法、危機處理、資源統整等方面有寶貴經驗，並且也對組織文化與發展歷史有深入的認知，這些都是團隊中後輩應積極取經的地方，即便是前輩過去的失敗經驗都有可學習借鏡之處，錯失這些學習機會殊為可惜！

4. 從同事與主管的相處中觀察學習

　　觀察團隊成員與主管的互動模式是很好的學習機會，觀察到的或許是正面教材，也可能是負面教材，都有可茲學習之處。例如，觀察同事

與主管的衝突，除了可以了解主管、同事的行事風格，還可借鏡同事業務流程或做事方法的失誤，不重蹈覆轍。當然，與主管相處互動良好，深受主管賞識重用，並且有好績效的同事，更應細心觀察、認真學習。

（四）給競爭對手一個友善的笑容

團隊中有合作，也必然有競爭，能力差不多的人很自然成為競爭對手，對競爭對手到處設防、明爭暗鬥，甚至在背後抹黑、陷害、落井下石，這些負面的關係只會加深彼此的裂痕，製造緊張氣氛，到最後對雙方常都是負面的。職場人應該在這方面多自省與修練，當你超越對手時，沒必要藐視；當你是輸家時，不應忌妒與不滿。無論對手如何給你難堪，改變關係最好的策略是盡量給對方友善的一笑，讓笑容來慢慢化解彼此間的心結。

誠然，在職場中即便我們不願與人結怨或交惡，也盡量潔身自愛，展現風度，但是，不容諱言，還是無法避免有人要將你當作假想敵，甚至正面為敵，要化敵為友談何容易？以下的這段話提供給身陷在這樣處境的職場人，希望能幫助職場人掙脫有形與無形的攻擊。

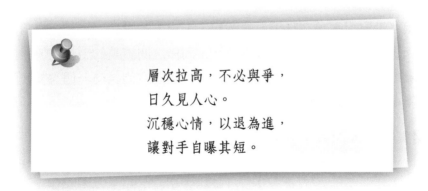

層次拉高，不必與爭，
日久見人心。
沉穩心情，以退為進，
讓對手自曝其短。

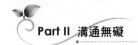

> **溝通小 Tip**
>
> 　　職場是一個讓我們學習及適應社會多元價值的場所，不論自己屬於哪種性格，一旦選擇進入職場，就應該敞開心胸，順應產業趨勢及所處工作場域之需要，放下原生性格的捆綁，融入工作場域，發展有競爭力的職場性格。

二　溝通利器

　　平時與團隊同儕的溝通除了把持謙虛學習、廣結善緣的態度之外，還可善用一些溝通小技巧，經常演練，純熟運用，自然可以內化成為自己的溝通能力，讓溝通為工作加分。

(一) 讚美

　　讚美建立起你與別人的親密關係，讓別人覺得你溫柔體貼，提升你的自信，甚至會改變對方的行為。當讚美被有技巧的傳送時，它幾乎在任何地方都能發揮作用，職場人應該善用讚美加強與同事或顧客之關係。根據專家對讚美在職場上的解讀，上對下的讚美，目的在於藉由讚美的力量激勵員工工作的投入與熱忱；同儕之間讚美的力量在於藉由讚美激勵對方，進而加深雙方正向關係，就如同我們結交一個益友，從對方的讚美得到正面力量。

1. 讚美要因人而異

　　讚美是一個絕對受到肯定的正向行為，正因如此，職場中雖然充斥著讚美，卻不盡然每次的讚美可以為業務或雙方關係加分，甚至有的讚美給人做作、厭惡的觀感！當讚美淪為濫情，不僅不能產生效用，還有可能招致反感！讚美要達到顯著的效果，就必須因人而異，給予某人只適用於他個人獨一無二的讚美。

2. 關注別人長處，給予讚美

讚美不應僅止於口惠，讚美力量的基礎，建立在你對別人優點的關注與敏銳度，關心是關鍵所在，在了解他需要的動力是什麼之後，讚美才能發揮極大效用，並非每個人都適用同樣的讚美，讚美的力量還牽涉到被讚美的人對你給予的讚美的接受程度。讚美千萬不要超過對方能忍受的程度，否則對方會感到虛假、不舒服。

3. 精確的讚美

大多數人採取的讚美方式及言語過於籠統，如此將稀釋了讚美的功效！模糊的讚美用語顯示不出讚美者的用心與精緻度。「好」、「不錯」、「做得很好」這些過於泛用的字眼創造的效果很有限，試比較下列兩種讚美方式：「王副理你做得很好！」以及「王副理，由於你帶領的團隊本季表現優良，公司營收超過去年同期 30%，這樣的成績真是太難得了！完全要歸功於你們的努力，我要在這謝謝大家！」後者的讚美方式既具體又有力，顯然比前者更能創造激勵的力量。

專家指出，能夠產生正面力量的讚美必須是「具體、誠摯且慷慨大方」，這裡面包含「誠懇」與「到位」兩項要素，誠懇須發自內心，「到位」的讚美則必須對被讚美者有相當程度的關心與觀察，並運用恰當的語言文字說出讚美的話，所以，讚美是美德、藝術，也是一項專業。到位的讚美讓被讚美者感覺長處、優點被認識，受到肯定的歡愉感是屬於心理學上很高等級的滿足。受到同事幫助時，即使僅僅小事一樁讓人知道我們的感激，甚至明白指出我們感謝的事情，有助於建立及維持良好關係。日本專家強調讚美的時機，其研究指出：員工下班前得到讚美可以加強他隔日的工作績效，對大腦而言，接受到讚美等同於獲得金錢獎賞。因此，正確的讚美力量不容忽視！

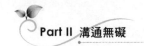

> ### 溝通小 Tip
>
> ## 實證研究：讚美一個人的行為比讚美他本人有用！
>
> 　　讚美一個人的行為或貢獻時，讚美會顯得既特殊又真誠，若是對方也確實感到實至名歸，讚美的效果會出奇大；讚美一個人的行為比讚美本人更能避免功利主義或偏見，也可以避免困惑；讚美有提升其讚美目標的傾向，讚美一個人的工作，會激勵他工作更賣力；讚美一個人的行為，會使他行為更符合別人期待；稱讚一個人的行為及貢獻，將增強其自尊心。
>
> 　　讚美小孩「努力有成」與「天賦異稟」有截然不同的效果，前者可以激勵人心，後者則會導致被讚美者日後耐挫力低。

（二）對讚美的回應

　　讚美是加分題，被讚美也要成為加分題！然而，很不幸很多人對讚美的回應並沒有加分，反而減分。舉一個讚美事例：

　　A 讚美 B：「妳的圍巾真漂亮！」（很普通的一個讚美）

　　得到兩種回應：

　　B 回應 (1)：「謝謝，這是我姐姐親自織的！」

　　B 回應 (2)：「哦！我在家樂福特價買的，可惜沒有我喜歡的顏色！」

　　兩種回應，哪一種讓讚美者感覺較好？當然是前者！

　　前者的回應會在讚美者與被讚美者之間營造溫馨和諧的氣氛，後者的回應方式則製造了尷尬、困窘的氛圍。後者製造的情境：

　　1. 覺得對方並未因讚美感到驕傲，亦即沒有領受讚美的情意！

　　2. 讓讚美者自己也感到困窘，有種被潑了冷水、踢到鐵板的感覺！

問題討論

1. 我是一個善於讚美的人嗎？我覺得在職場中，我應該如何運用讚美的技巧來加強與團隊的關係？

2. 我在團隊中經常扮演怎樣的角色？意見領袖？被領導者？意見多多？沉默者？孤鳥？

3. 我覺得融入團隊中對於工作有哪些幫助？如何融入？

4. 試想像您在工作場域表現不錯，受到主管信任與重用，但在同事間似有遭忌或受排擠現象，甚至影響到您業務的推展，您如何因應這樣的處境？

5. 您認為跟同事或主管在工作時間之外有連結與交集，對工作的發展是加分嗎？為何？

跨文化溝通

跨文化溝通的概念延伸自文化智商 (Cultural Intelligence, CQ)，文化智商係指可以有效和來自不同文化背景的人互動的能力。文化智商是一種多面向的能力，要素包括：文化知識、用心態度與跨文化技巧。它讓我們透過知識與用心辨別文化差異，並且有能力跨越不同文化，行事合宜。跨文化溝通中存在許多阻撓彼此理解的障礙，因為來自不同文化的個人，沒有相同成長背景、符碼與慣例。具備文化智商的人會善用廣泛的經驗，並採取最適合當下情境的行為。文化智商已被視為跨國專業商務人才的必修課題，本文則將之做廣義解讀，舉凡業務上與不同文化族群的互動所涉及的溝通，都屬於跨文化溝通範圍，小自團隊內不同專長與背景的人之間的互動，大至與不同產業文化或組織文化的企業商務往來，以及跨國業務往來，甚至可以解讀為，跨文化溝通只是一個概念，任何人跟別人之間的溝通都是跨文化的溝通，強調人如何突破習慣框架，不單從自身文化觀點來解讀自己的體驗。

根據這樣的觀點，商品行銷本身就是在推銷自己，身邊那些未必與我們相似的人就是我們自我行銷的潛在對象，如何掌握與自己不同文化背景的人的需要，扭轉他們的看法，讓他們認同我們的設計，進而接受產品或願意合作，這就是一個跨文化溝通的概念。亦即，跨文化溝通不是專指跨國界的溝通，由於成長背景及所投入產業、工作環境的不同，溝通方式及思維邏輯也能有很大差異。

消費導向的市場趨勢使得許多產品與服務以「使用者經驗」為設計及開發主軸，而使用者經驗設計與文化智商有極高關聯性，使用者經

驗設計,簡單地說,就是以使用者為中心的設計,設計真正能夠滿足使用者需求的產品,使消費者獲得更好的經驗。使用者經驗設計非常依賴文化智商,就連設計團隊內不同專長、不同文化背景的成員之間,也必須有高度的文化智商與跨文化溝通能力,才能充分合作,設計出符合使用者需求的商品。好設計不能只依賴設計師或研究人員的個人習慣或直覺,在使用者經驗設計的過程中,設計師、研究人員與工程師之間,必須結合各種知識與方法,深入研究不同的使用者及他們的生活與工作脈絡,從中洞察潛在需求,並將需求轉化為設計。

總之,跨文化溝通從商務的角度來看,可以是團隊內的溝通、企業跨部門的溝通,也可以是個人與顧客、個人與不同企業顧客之溝通。了解他人、包容異文化,永遠是商業成功的關鍵!

一　培養文化智商的過程

具備文化智商的人,在認知上都擁有極為複雜的理解能力,能仔細觀察自己身處的環境。他們能夠從看來大不相同的資訊中做出決策,能夠透過許多不同特質來描述人與事件,並且能夠看出這些特質當中的諸多關聯。

文化智商涉及三大要素:知識、用心與技能。想要提升文化智商水準,必須從經驗中學習,通常必須花費很多時間。提升文化智商需要有基本「知識」,透過「用心」獲得新知識與不同觀點,並且把這樣的知識發展成「技能」。這是一個反覆的過程,如圖 8-1 所示。

要提升文化智商,勢必要從社會互動中學習,透過社會經驗提升文化智商,意味著要注意觀察自身與他人在文化與背景上的差異。要做到這點,必須具備某些相關知識,了解文化用何種方式展現差異,以及影響行為。必須要用心注意脈絡線索,並抱持開放態度,要認同不同行為的合理性與重要性,也就是,要具備相當高的包容性。若想要讓這些知識內化、留在自己身上,必須從特定經驗中學到的東西,應用轉化至

之後的其他情境中。若想要重複展現技能，必須在未來的互動交流中不斷練習，強化技能。增進文化智商需要時間，而且必須不斷激勵自己去完成。

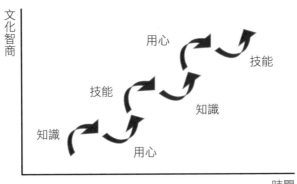

資料來源：文化智商，經濟新潮社，2013 年。

◎ 圖 8-1　文化智商的發展過程

二　如何強化文化智商

培養文化智商的相關技巧，重點不能放在某一個、某一群特定行為上表現熟練，而是要養成一般技能，以拓展行事時可考慮的選項範圍，並且知道何時使用何種技巧。文化的差異無疑會擴大我們可能面臨的情境範圍。在某個文化中已經非常熟練、非常成熟的溝通技巧，可能在另一個文化中出現反效果。因此，要培養的是跨文化的適應、包容能力與思維習慣，而非針對特定情境的特定技巧。

(一) 捨棄自我中心思維習慣

跨文化溝通要能進行，首要之務要捨棄自我中心、先入為主的思維習慣，要養成多觀察、多提問的習慣，才能了解對方的思維模式、價值觀與行事風格，了解對方才能與對方溝通。不能把自己的行為標準投

射到溝通的另一方身上，藉此判斷別人；必須根據對方的文化背景、經濟條件、可運用資源等，從中觀察推測他們的行為出自於何種文化或次文化脈絡。在實戰的跨文化互動中，有些情況是，雙方因為過度尊重對方，但是彼此之間確實仍有文化差異，以致產生錯誤的揣測，造成合作的障礙，這種情形雙方態度沒問題，溝通態度上卻失之保守，以致最後還是因為溝通誤失錯失合作機會！

表 8-1　如何強化文化智商？

策略	執行準則
捨棄自我中心思維習慣	• 多觀察、多提問，了解對方的思維模式、價值觀與行事風格。 • 根據對方文化背景、經濟條件、可運用資源等，從中觀察推測他們的行為出自於何種文化或次文化脈絡。
不急於否定對方	• 與異質文化背景的人溝通過程發現有違自己認知的行為或論調時，切忌急於否定對方，先假設這是對方文化背景使然，事後再予求證。
提高適應能力	• 有效的跨文化行為，並非由慣常的行動組成，而要具備「彈性能力」，能夠適時修正、調整，以滿足不斷變動的溝通條件。 • 訓練自己的適應能力，包括生理上及心理上的適應，讓自己在接觸異質文化的人時，能用最快的速度調整自己，進入順暢溝通的軌道。 • 能夠在最短時間調適自己，進入對方的文化情境，才能夠建立與對方順暢溝通的橋樑。
同理心	• 同理心的前提是「用心」，跨文化溝通要從「用心」開始，「用心」的精神在於運用注意力了解、認知溝通對象的文化差異。 • 易地而處，從對方文化背景來看，設身處地為對方著想，提供貼心服務。 • 能否掌握顧客需求、擄獲顧客的心，關鍵在於溝通過程能否根據對方文化背景及個性，畫出屬於顧客的「心智圖」(Mental Map)，完全掌握、追蹤到顧客之思維、需求與期待，並適時做出合宜的回應。

 **職場放大鏡　過度客氣阻礙跨文化溝通**

案例情境

1. 王經理是國內製造業知名全球性外商公司的人資部門經理,與某大學陳主任因為工作的關係,結識多年,而且因為個性相投,成為好朋友。

2. 王經理剛開始與陳主任單位進行過幾個成功的合作計畫,但後來因金融海嘯衝擊,全球性景氣低迷,以致公司在台灣的營收縮減,連帶影響與學校單位的合作經費,雖然王經理一直有心促成雙方再度合作,但是受限於企業可運用之資源逐年縮減,已經有多年沒有促成合作計畫。即便如此,雙方仍有默契維持正向的互動,沒有合作,仍是朋友。

3. 經過很長一段時間的沉寂之後,某日王經理再度主動向陳主任提出希望合作的想法。合作的主題是屬於非常高難度的教育訓練,由於之前公司長期委託民間企業辦理教育訓練,經過評估分析成效很難突破,希望改變策略與學校合作,期待有不一樣的效果。

4. 雙方初步洽談後建立合作共識,接著陳主任必須積極從學校找到適任的講師,由於是屬於高難度的教育訓練任務,所以陳主任並不確定能找到適任的教授合作,也把這樣的狀況很清楚的告知王經理。

5. 花費好一番功夫,陳主任終於打探到學校管理學院羅教授是適當人選,剛好這位教授陳主任之前也聯繫過,觀感很好。但是,陳主任還是帶著忐忑的心詢問羅教授意願。很幸運的得到羅教授正面回應,願意與王經理當面商談。

6. 於是,陳主任立即安排雙方面對面商談,過程中相談甚歡,在陳主任的穿針引線之下,雙方對於合作模式及時程都有了共識。此外,商談過程也了解到羅教授在提供這種高難度教育訓練有很豐富經驗,且績效口碑極佳。可以確定的是,羅教授的確是該領域的專家,也是名師。

7. 不過,最後在磋商合作經費時,羅教授直接了當的開出一個相當高的價碼,身為知名企業的經理人內心應該有驚嚇,但是王經理仍然表現好風

(續下頁)

度,表示:直接說清楚很好!並且在商談會結束時也表達希望跟公司爭取合作經費,與其一直花小錢沒達到效果,不如投資較大經費,卻能有明顯突破。陳主任對照過去與王經理數次洽談合作失敗都是卡在預算的經驗,以及羅教授開出這樣高的價碼,心中暗忖是否又是一次空談?因為這次商談的對象多了校內資深教授,不得不謹慎處理。於是在與王經理話別之前,再度試探其態度,並且也不斷暗示希望公司能放大格局,編列較高的預算,若是仍有其他考量也無妨,明確回覆即可。當下王經理仍然給予正面回應,並答應回公司儘速呈報。因為若要合作,必須預留前置作業時間,而商談之時所剩之前置時間並不充裕。

8. 商談之後經過 2 週、3 週均未得到王經理回覆,陳主任一度想要主動詢問,但是考量到教授超然的立場,以及王經理的立場,最後在「盡量不主動給顧客壓力」的原則與考量下,決定再等候一段時間,一方面也猜想王經理必定很努力的在向公司爭取中,若有定奪必會立即回報,若是公司真有心要推這樣的計畫,也看重教授的長才,卻因為價碼過高有困難,必定也會再來磋商。

9. 等待超過 1 個月終於得到王經理負面的回覆,理由正如料想中的是預算的問題!

10. 陳主任很不安的把這樣的回覆婉轉告知羅教授,羅教授當然很有風度表示不在意,但是在回覆信中特別提到:「其實王經理可以跟我討論價錢的呀!」

11. 根據陳主任的職業敏銳度直觀判斷,從羅教授的回覆中感受到他其實挺在意這個合作機會,也因為在價錢上錯過協商機會,而透露出些許遺憾!

◆ 案例分析

1. 王經理長達 1 個多月沒有進一步磋商及溝通,獨自在公司內部奮鬥爭取相當辛苦,從她角度顯然認為教授開的價碼沒有磋商空間,或者是要求降價擔心傷及教授自尊?因著這樣的想法而沒有在最關鍵的因素「價格」上進一步討論,應該是合作受阻主要原因。

2. 這是屬於「跨文化的溝通障礙」，從王經理角度對於教授的開價行為做了自己的解讀，而事實上身為管理領域教授，可能習慣商場談判的開價文化，學術界提供的服務不盡然不二價，仍然可以沿用商場的價錢磋商習慣。

3. 陳主任顯然也高估了與王經理間的默契，當然也錯估了中間可能的跨文化障礙，若有料想到這些狀況，應該可以在中間適時介入，讓事件有較完美結局，至少可以縮短等待時間，對羅教授有比較好的交代。

(二) 不急於否定對方

　　與異質文化背景的人溝通過程發現有違自己認知的行為或論調時，切忌先勿急於否定對方，先假設這是對方文化背景使然，事後再予求證。例如，以國情來看，在美國人成長過程，被鼓勵要主動、果決且開放，並預期別人也是這樣；在泰國人成長過程，則被鼓勵要被動且敏感，也預期別人會這樣。當雙方溝通時若無正確了解與認知，或是當雙方行為都不如對方預期時，關係很容易破滅！

(三) 提高適應能力

　　適應能力是跨文化溝通技能中的關鍵要素，所有的社交行為情境都是獨特的，想要練就高超的跨文化溝通能力，必須能夠針對每個特殊情境採取特定互動模式，並回應對方的期待。也就是，有效的跨文化行為，並非由慣常的行動組成，而要具備「彈性能力」，能夠適時修正、調整，以滿足不斷變動的溝通條件，即便是在特定文化之內，每個人遵循基本文化規範的程度也不相同。

　　跟異質文化的人互動無疑會經歷激烈的情緒衝撞，想從中找到平衡點，勢必要訓練自己的適應能力，包括生理上及心理上的適應，讓自己在接觸異質文化的人時，能用最快的速度調整自己，進入順暢溝通的軌

道。簡單想像與一個跟自己個性、背景截然不同的潛在顧客溝通時,絕對不是使用自己慣用的語言、口氣及思維方式,能夠在最短時間調適自己,進入對方的文化情境,才能夠建立與對方順暢溝通的橋樑。

「用心」的案例

- **舊思維**

「我完成工作後,團隊中新來的主管開始批評我,他總是一再批評,不懂得我們原先的處理模式。所以,我決定不再聽他說些什麼。他還是一直說一直說,最後我就藉機走開了!」

- **「用心」的思維**

「我完成工作後,團隊中新來的主管開始批評我的做事方法。我雖然不太高興,但我靜下心來聽他說些什麼,他或許有不同的觀點。我用心聽他的語調,觀察他的表情,他看起來似乎不是真的生氣,而是擔心。其實我之前沒負責過類似的工作,他或許比較有經驗,我想他是新來的主管應該希望能有好表現,發現有非期望中的狀況,反應比較強烈是可以理解的。據說他學經歷俱佳,我應該可以從他身上學習,我也知道他不喜歡批評時被打斷,所以耐心等他講完。之後,我誠懇的對自己行事考慮不周向他道歉,感謝他的批評與指正,並請求他在我重做時在一旁提醒和指導。」

(四) 同理心

調適好自己的情緒、進入對方的文化情境後,可以順暢溝通,但要進一步擄獲顧客的心,則要加入「同理心」,同理心的前提是「用心」,跨文化溝通要從「用心」開始,大部分的人沒能體會到「用心」的力量,「用心」的精神在於運用注意力了解、認知溝通對象的文化差異,用上所有感官(例如:溝通時除了傾聽對方說話,也要觀察其臉上表情),以開放的心態觀察情境,並分析背景脈絡;接著,要能易地而

處，從對方文化背景來看，設身處地為對方著想，提供貼心服務。設想的方向要量身訂作，體貼入微，例如：用對方熟悉的語言與辭彙（如亮點、閃光點等）、體貼對方的飲食習慣等。也就是，能否掌握顧客需求、擄獲顧客的心，關鍵在於溝通過程能否根據對方文化背景及個性，畫出屬於顧客的「心智圖」(Mental Map)，完全掌握、追蹤到顧客之思維、需求與期待，並適時做出合宜的回應。

溝通小 Tip

　　高度跨文化溝通能力的人的行為表現：
1. 樂於與不同文化的人溝通。
2. 有能力精確掌握來自異文化者的感受。
3. 能夠從異文化者的觀點看待事情，並藉此了解對方。
4. 喜歡探究同一件事情不同文化者的解讀方式。
5. 已將用心與同理心內化為自身慣性，有能力在溝通過程描繪出對方的心智圖。

職場放大鏡　本位主義的服務誤失

案例情境

1. 某學術單位預定運用爭取到的經費，辦理一場交流式餐會，對象是之前參加該單位辦理研習活動的大學教師。
2. 參加人數約 20 人（含工作人員），定調為小型午餐聯誼式餐會，希望能在舒適溫馨的餐廳舉辦，讓參加者在很輕鬆舒適的環境中，近距離緊密的交流，並且享受精緻美食。
3. 主辦單位選擇場地時，考量與連品餐廳已有合作關係，且連品餐廳的餐飲屬中高價位，和參加餐會的對象與活動定位應該吻合，並且所提供預

（續下頁）

算相當充裕，連品餐廳很樂意活動在該餐廳舉辦，並與主辦單位著手討論配合事宜。

4. 活動對象的邀請與聯繫均由主辦單位自行處理，連品餐廳的任務在於依據主辦單位的參加人數以及餐點的要求，提供聚餐場地與餐點。

5. 主辦單位明確提示該次餐會第一次選在該餐廳舉辦，一方面在於回饋與該餐廳過往的合作關係，另方面則希望提供該餐廳一次置入式行銷機會，由於參加餐會的人員都是第一次蒞臨該餐廳，而且皆為高級知識份子，是符合該餐廳價位的潛在客群。

6. 餐敘前 2 小時主辦單位主管到達現場時，看到已經完成佈置準備作為餐敘會場的場地是一個可以容納 60 人的豪華房間，當下的感受不是「驚艷」，而是「驚嚇」！

7. 主辦單位主管立即找到該餐敘活動的負責人詢問，表明已經清楚告知參加人數及活動性質，為何安排這麼大的場地？餐廳的回覆是，他們認為提供大又豪華的場地，主辦單位應該更滿意！

8. 主辦單位主管當下判斷這樣的空間無法達到餐敘目的，場地太大，無法拉近距離，氣氛也無法營造，當下立即要求換較小的場地。

9. 經過半小時折騰，餐廳才開始進行更換場地動作，過程中主辦單位從餐廳人員耳語中聽到抱怨的聲音，一副主辦單位很難搞，不知好歹的樣子，同時也大致了解到提供過大場地的主要原因，其實是較小的場地另外提供給別單位使用，而主辦單位訂位在前！

◆ 案例分析

1. 餐廳以追求最高營收為前提，罔顧對顧客事前預約之承諾，已經造成服務誤失。

2. 為了創造更高營收，自動更換預定之場地，這種思維模式完全是以自身為出發點，沒有從顧客需求著眼；再者，自行合理化：提供大一點的場地顧客應該更滿意！不理解異質文化之價值取向，犯了跨文化溝通之誤失！

3. 顧客抱怨餐廳自行更換場地時，餐廳人員不僅沒有給予顧客一句抱歉的話（雖然後來還是恢復了原先預定之場地，但已經耽誤了活動時間，也

給予顧客不受尊重之感受！），在復原更換場地的過程，餐廳服務人員不斷耳語傳出抱怨的話讓顧客聽到，顯示該餐廳服務信念相當不足！

4. 商場文化偏好的大空間、大場面，與學術單位喜歡近距離空間交流的文化取向不同，提供異質文化顧客服務時，應謹慎掌握文化差異與溝通之原則，慎防誤踩文化界線。

 職場放大鏡 跨國文化溝通的失靈

◆ 案例情境

1. 某位美國經濟學家在中國進行研究訪問，期間他拜訪一家中國經濟規劃機構。

2. 機構中有位中國經濟學家對這位美國專家提出的經濟預測技巧很感興趣，於是邀請他結束這趟訪問之後，再度前往中國舉辦研討會，分享經驗。

3. 這位美國專家對這項提議當下就表達高度興趣，但他表示必須先向所任職的美國機構報告，並得到該單位的核准。

4. 返美後，他立即向任職單位提出申請，並取得單位的核可文件，立即發送訊息到中國，告知邀請他的人。

5. 但是，那位邀請他的中國經濟學家卻從此沒有消息。

◆ 案例分析

1. 美國專家不了解自己在溝通過程傳達的訊息在中國文化中代表的意義。

2. 當中國人聽到對方回應，要向所任職單位回報才能接受邀請時，他們的解讀有兩個可能：

　(1) 受邀的人職位相對低，無法自行決定受邀。

　(2) 受邀人其實不是很感興趣，當面的回應只是禮貌性應酬話。

3. 因為中國式的溝通文化中，即便他們內心真正的想法是想拒絕，但是他們也很少把「不」字說出口，反而會用較為婉轉的方式回應。

4. 這是一個典型東西方不同國情文化造成的溝通失靈個案。

 職場放大鏡 **當開門見山遇上循序漸進**

　　美國矽谷是全球很多重大新創事業的發跡地，很多華人到矽谷進行招商或洽談生意，不過成功案例相對少，除了跨海合作本來就有難度，有不少狀況其實是雙方溝通方式的差異造成，華人世界習慣起承轉合的表達方式，美國則較偏向破題式、直接點出重點的表達方式。

　　中國某個新區想找美國矽谷某知名加速器廠商洽談合作，希望能邀請該加速器廠商在新區內建構新創生態圈。雙方見面會談，雙方分別簡報。

　　美方先開始，大約花了 15 分鐘，介紹結構大致如下：

我們是做什麼→我們的規模→提供哪些服務→我們的優勢
→團隊介紹

　　接著輪到中方，中方大約花了 40 分鐘，介紹結構大約如下：

團隊介紹→政府政策沿革→新區地理位置與歷史發展→新
區成立與公司結構→新區未來發展與規劃

　　中方的介紹方式採起承轉合的模式，希望先給對方一個大框架下的背景資訊及緣起，接著再逐漸進入主題，但美方人員的溝通習慣則不完全是這樣的模式，他們習慣在介紹的前 10 秒就吸引聽眾。在本案例中，中方還在講政府政策沿革時，美方人員就已經在問是否能跳過這段，困惑這跟合作案有什麼關係？這個案例比較幸運的是，美方的負責人員當天沒排其他會議，又願意坐在會議室裡慢慢花上 30 分鐘聽取中方的簡報，所以合作案有往下個階段進行，但多半的合作洽談會議遇到這種狀況時，通常的結果就是與會者失去耐性、中途離席，即使坐在會議室裡也是滑手機或神遊。

　　無法警覺及適應不同文化的溝通方式，會直接導致好的內容無法順利傳達，最終結果常不盡人意！

 職場放大鏡　行為帶來的衝擊比語言可怕

　　在風險投資的世界裡，你的行為所透漏的訊息遠比語言來得影響深遠。在矽谷眾多創投中，最負盛名的當屬紅杉資本。跟紅杉資本有關的一個案例可以說明，行為造成的衝擊遠高過語言。某間極具前景的新創公司在經過數次與紅杉資本的會議及溝通後，總算獲得紅杉資本數百萬美元的注資承諾。在定案會議後，兩位新創公司創辦人非常熱情的邀請紅杉資本的人員晚餐。聚餐氣氛熱絡，紅杉資本人員覺得找到了好標的，兩位創辦人也很高興能獲得紅杉資本的投資承諾。為了慶祝投資洽談成功，兩位創辦人非常大方的點了一瓶店內最貴的香檳來慶祝。但就在這時，紅杉資本的人員愣住了！他們的想法是，雖然這間新創公司已經發展到了一定的規模，但這不代表創辦人能揮霍，如果只是得到投資承諾就能讓創辦人輕易地花錢在不必要的香檳上，那等紅杉資本真的注資時會發生什麼事呢？於是他們反問兩位創辦人：「你們就是要用這種方式來花我們的投資嗎？」接著轉身離開餐廳，一筆數百萬美元即將到手的投資案就這樣沒了！

問題討論

1. 試舉工作或生活經驗中，曾經遇到的跨文化溝通情境，有哪些溝通的問題或衝突？可以有哪些因應及處理方式？

2. 因應國際化的發展趨勢，許多工作需要跨文化溝通技能，您在這方面已經做好心理準備嗎？是否有積極的因應計畫（例如參加相關演講或訓練課程）？

Part III

人脈社群

　　美國史丹佛研究中心發表調查報告指出，人一生賺的錢，12.5% 來自知識，87.5% 來自關係！現今社會很難憑單打獨鬥成功，除了靠自己的努力之外，「人脈資產」更是扮演重要角色，人脈的寬廣以及關係的深淺，決定了你的人脈資產可以為成功帶來多少貢獻。在一個講究雙贏與共贏的現代化商務環境中，已經逐漸意識到，孤軍奮戰很難成就大事，唯有透過堅實的「人脈資產」，才有機會造就亮麗的成功經驗。本單元不探討基本的人際關係理論，以及一般社會化人際關係之營造，主要聚焦於個人在職場內人脈之經營及運用，希望職場人士能夠在創造本身專業價值之外，有人脈資產的加持，讓人脈關係為職場競爭力加分，職涯發展更加亮麗順暢。

❖ Chapter 9　職場人脈社群

Chapter 9 職場人脈社群

人脈如同我們職場的「導師」，也可以視為「貴人」。職涯路迢迢，踽踽獨行或孤軍奮鬥很難拓展個人的優勢與天分，聰明的人懂得借力使力，讓周邊的導師與貴人在我們的職涯路不斷相挺支撐。人脈是永久性再生資源，建立人脈是一門值得重視並積極修習的職場學分。

一 建立人脈的基本觀念

要建立成功的人脈網絡，必須先具備基本觀念：

（一）互助與互惠是人脈的基礎

相互幫助與提攜是建立及維持人脈的基本精神，人脈是一種雙向或多向的關係，必須有互相幫助的心意為前提，才能建立關係，再加上互惠的資源與條件，才能維持關係。很多職場人缺乏這樣的概念與認知，不知不覺中錯失很多「潛在貴人」！很多時候，當對方向你尋求協助時，若你能盡量釋出善意，甚而有實質回應，在對方心中就已將你納入人脈名單，一有好機會馬上在名單資料庫中搜尋到你，人脈與關係就是這樣慢慢累積，一個人被愈多人納入名單資料庫，人脈的拓展機會就愈大。當然，慧眼識英雄，有洞察力與遠見的職場人總是能判斷所接觸到的人背後的資源或潛在機會，懂得將時間與精力投資在高回收預期的方向，這樣的人在人脈經營上自然能左右逢源、事半功倍。

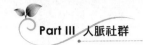

從另一個角度看，在職場上職位愈高愈具備互助及互惠之條件，經營人脈的籌碼愈多，但不要忽略，大部分高層級始自低層級，人脈要從低層級累積，才能順利晉升，低層級籌碼雖有限，但是積極經營仍有可為之處，很多人是從提供貼心的小服務或加倍努力得到賞識，開啟人脈經營之路。

(二) 建立人脈前需目標定位

職場人脈的經營必須有現實面之考量，畢竟時間資源有限，想要讓自己擁有的籌碼創造最大化效益，在經營人脈之前必須先定位目標，再根據這個目標佈局經營人脈的範圍與對象。要提醒的是，設定對象及範圍時不宜過於狹隘，實戰經驗告訴我們，某些時點我們認為不會成為人脈經營對象的，時過境遷，卻成為重要人脈資產。此外，職涯發展有大目標，也有小目標，配合職涯發展每個階段的小目標，必須重新設定人脈經營的目標及定位。

(三) 勇於表達自我，積極開拓人脈

從現實角度來看，經營人脈不能排除刻意性及目標導向，既然如此，這是一項必須專注投入的事業，把握住任何一個場合及機會，積極參與、勇於表達自我，一方面要在每個場景搜尋潛在對象，一方面要爭取機會讓潛在對象認識自己，並且留下正面、深刻印象。當然，機會是留給準備好的人，勇於表達自我之前得先裝備好自己，做好準備才能在人脈舞台盡情施展；反之，若沒做好準備又勇於表現，不僅無法建立人脈，更有可能讓自己惡名在外，在人脈舞台無立足之地！

(四) 彈性與適應力

職場環境與生態變化難測，即使一路努力打拼，仍然無法完全置身於變動與困境之外，更換主管、部門調動、職務調動等變數無法預期亦

無法避免,漫長職涯路,唯有練就高度彈性與適應力,才能化險為夷、化危機為轉機、逆勢發展,因應每次的變動,建立更豐沛人脈資源。

(五)謙虛與感恩

職場上不難發現一條隱性信條:愈高位的人愈謙虛。確實,很多位高權重的人謙卑自持,感謝的言詞不時掛在嘴邊,「謙虛」與「感恩」是職場得勝的重要人格特質,這些成功者因為常存感恩的心,且不時感謝身邊的人,所以可以廣結善緣、人脈豐沛,憑靠這些人脈資產加持,一步步邁向成功之路。初踏入職場之新人,當秉持標竿學習心態,掌握謙虛與感恩的成功密碼,無論幫助大小,要不時向提供幫助的人致謝,表達誠摯的感激,累積人情與關係,這是人脈經營中,最唾手可得的機會,也是最容易做到的。

二 建立人脈的行動準則

表 9-1 建立人脈的行動準則

策略	行動準則
檢視自身優勢與資源	• 優勢及資源是在職場拓展人脈的籌碼,掌握自己的優勢才能擬定有利自己的行銷策略及人脈拓展藍圖。 • 掌握自己擁有的資源是開啟人脈運作的第一步,盤點自己在各方面的資源,包括:財力、物力、權力、人才庫、可運用之資源,以及目前已有之人脈。
建立自我行銷策略	• 根據自己的優勢規劃對自己有利的自我行銷策略,規劃必須盡可能細緻化,才能精確瞄準自己的優勢,避開缺點。

 表 9-1　建立人脈的行動準則（續）

策略	行動準則
佈建人脈藍圖	• 鎖定對象： 　– 根據每階段職涯發展目標，鎖定人脈佈建對象。 • 行動方案： 　– 打造內外在形象。 　– 佈建網網相連的人脈管道。 　– 資源配置。 　– 從最有把握的切入點開始行動。 　– 觸動核心需求。 • 打鐵趁熱。 • 見機行事。
順應人脈角色的改變	• 職場人脈角色隨時空變遷而有變化，必須不時變換角色，如何掌控自己人脈角色的變動，關乎人脈關係是否能永續經營。 • 造成人脈角色必須調整的因素：自己或關鍵人脈職位或工作異動、自己轉換跑道、職場環境大變動、經濟環境改變等。 • 職場人脈角色隨時空變遷而有變化，必須隨時調整定位、目標，以及調整人脈網絡。 • 轉換跑道不表示原有人脈無用，可能只是要調整不同人脈的相關程度，或是必須在維持舊人脈之外，另行開拓新人脈。
善用溝通藝術	• 高明的溝通技巧絕對是拓展人脈的必備武器，必須巧妙應用所有的溝通心法，純熟運用，提升到藝術層級。 • 關鍵「溝通力」：傾聽、讚美、拉近距離、交談技巧（開啟話題、迎和對方）、關心與感謝、送禮禮儀等。 • 要掌握誠懇、貼心到位及過猶不及的原則，恰到好處才能關係長久。

（一）檢視自身優勢與資源

　　人脈建立在互惠基礎上，建立人脈之前必須先檢視自己的優勢與擁有的資源，優勢及資源是在職場拓展人脈的籌碼，缺乏籌碼拓展困難。

掌握自己的優勢才能擬定有利自己的行銷策略及人脈拓展藍圖。例如：若是具備強且有特色的簡報能力，就要多運用這項專長，製造機會來展現專長，達成自我行銷與廣結人脈目的；若是不善於公開場合報告，而擅長書面表達，就要避免口頭簡報，多以書面溝通方式進行行銷與人脈經營。

　　掌握自己擁有的資源是開啟人脈運作的第一步，盤點自己在各方面的資源，包括：財力、物力、權力、人才庫、可橋接之資源等，目前已有之人脈當然也是拓展新人脈的資源。

（二）建立自我行銷策略

　　根據前面分析自己的優勢規劃對自己有利的自我行銷策略，這個規劃必須盡可能細緻化，才能精確瞄準自己的優勢，避開缺點，也就是，要很清楚自己哪方面行？哪方面不行？趨吉避凶，展現自己的亮點，製造機會展現在潛在人脈面前，並且讓對方眼睛一亮、印象深刻。例如：具備令人驚艷的簡報技巧，不盡然就能在會議討論中展現同樣出眾的表現，個人簡報可以藉由組織能力、口齒清晰及個人魅力等的綜合，創造獨特的簡報魅力；然而，會議討論的場合雖然也需具備好的口語表達能力，還需具備會議中察言觀色、隨機應變以及洞察發言者動機與期待等等能力，這些能力不盡然是一個魅力簡報家具備的。同樣，在文字表達方面，有人適合長篇大論的發表理念與建言，有人卻諳於簡明扼要的公文撰寫與電子郵件或書信表達，前者若將長篇大論的專長應用在電子郵件傳遞上，恐將惹人厭煩，避之唯恐不及；反之，能夠在公文撰寫及快速信件表達中展現精確扼要特色的人，若未認清自己的專長，也採用長篇表述型的表現方式，極有可能給人嚴謹度不足、格局不高的觀感！

（三）佈建人脈藍圖

1. 鎖定對象

　　根據每階段職涯發展目標，鎖定人脈佈建對象，未聚焦目標對象只會浪費資源與錯過時機，畢竟人脈經營是要全神貫注、積極行動。

2. 行動方案

　　對象鎖定了之後，接著就要開始行動，根據前面分析的優勢及掌握資源，規劃拓展人脈的具體行動方案。

(1) 打造內外在形象

　　打造適合自己的型是職場人開展人脈圈的重要準備工作，在人際舞台要呈現怎樣的自己？怎樣的形象？要給人怎樣的觀感？明確回答這些問題，再根據對自己內在優勢與性格的分析，配合年齡、資歷、外貌等外在條件，從內在與外在來打造、包裝屬於自己，且有利於人脈拓展的形象。打造形象主要目的在於給初次認識者好的印象，所有人脈關係都是從初次見面那一刻開始的。

(2) 佈建網網相連的人脈管道

　　人脈網絡絕非點、線型態的關係，而是許多交叉線架構成的面，不同的面之間可能會有交集。跟某位關鍵人物社交的同時，有可能連結到另外一個關鍵對象，所以積極拓展人脈的職場人，必須具備「連來連去」的敏銳度與應變力，讓自己成為一個網路的核心節點 (Node)，透過這個節點建置網網相連的網絡，讓自己成為龐大人脈網絡的中心。運作開會平台可以創造不同類群的人脈族群建立交集，可從已有人脈人才庫中，邀請分屬不同關係類群的專家與會，製造跨網絡交流機會，創造連來連去效應，身處網絡中心的主角是最大受益者，可與各族群人脈建立更緊密連結關係。

(3) 資源配置

資源有限，拓展人脈必須鎖定潛在對象，同理，分配到每一個人脈管道的資源也應適當分配，爭取最佳效益。依照所規劃佈建之人脈管道，根據重要性及預期成功率，分配手邊可運用之資源。

(4) 從最有把握的切入點開始行動

人脈拓展要多管齊下，但是也有優先順位，必須在貢獻度高及成功率之間權衡取捨，貢獻度高的人脈管道通常拓展的成功率低，輕重緩急必須根據當事者的需要與當下情境做抉擇。

(5) 觸動核心需求

人脈經營既然是資源或利益的交換，面對新接觸的目標對象，必須能夠探觸到其核心需求，才能建構彼此間資源利益交換的關係。誠然，很多人不會直接說出他的需求，或者是面對新接觸的對象，不知道哪些資源可以交換，所以也不會道出其真正的需求，因此，「看見對方沒說出的渴望」是人脈經營者必須自我挑戰的課題。人際相處貴在營造尊重且舒適的社交氛圍，用心挖掘對方的需求，直達其內心的渴望，並且讓對方信服你可以提供資源，滿足其渴望。有時候也可以自己主動拋出話題或資源，刺探對方的興趣及反應。

3. 打鐵趁熱

當優勢及佈局均掌握正確時，投入社交活動時，很有機會得到潛在人脈對象的立即正向回應，顯示辛苦打造的人脈拓展計畫已經奏效，此時務必要把握時機，打鐵趁熱，積極卻更加謹慎的給予對方回應，這時候對象已經完全明確，人脈經營行動應該針對特定對象更加精細化、加碼推進，通常會有意想不到的收穫。

4. 見機行事

社交活動場合經常會有非預期中的狀況或變數，例如：參加會議前已鎖定預計出席會議的某位關鍵人物，卻因故未出席，由代理人出

席;社交活動冗長且無聊,讓人想提早退場;聚餐場合多了某位不速之客等,變數也是機會,積極建立人脈的人會把握每次的機會,也會讓變數或意外成為機會。期待中的人未出現,可以考慮提早退場,減少浪費時間,也可評估代理出席的人是否也有社交價值;社交活動冗長且無聊時,可以有技巧的邀請潛在人脈另找地方一敘:「既然活動有點無聊,不如我們找個安靜的地方喝個咖啡吧!」聚餐場合多了不速之客或許是更有價值的社交對象呢!總之,必須見機行事,掌握所處情境,積極搜尋機會,並立即採取有利的對策。

(四) 順應人脈角色的改變

每個職場人扮演屬於自己的人脈角色,且由於各角色之間的關係隨時空變遷而有變化,所以個人也不時變換角色,如何掌控自己人脈角色的變動,關乎人脈關係是否能永續經營。造成人脈角色必須調整的因素很多,包括:自己或關鍵人脈職位或工作異動、自己轉換跑道、職場環境大變動、經濟環境改變等,諸多變數使得自己必須重新調整定位、目標,以及調整人脈網絡,自己轉換跑道不表示原有人脈無用,可能只是要調整不同人脈的相關程度,或是必須繼續維持舊人脈之外,再另行開拓新人脈。

(五) 善用溝通藝術

高明的溝通技巧絕對是拓展人脈的必備武器,必須巧妙操練溝通心法,純熟運用,提升到藝術層級,這些關鍵「溝通力」包括:傾聽、讚美、拉近距離、交談技巧(開啟話題、迎和對方)、關心與感謝、送禮禮儀等,要掌握誠懇、貼心到位及過猶不及的原則,恰到好處才能關係長久。當然,在運用這些溝通技巧之前提是,要懂得「看人說話」,每個人都是不同的個體,溝通之難就在於因人而異,能「看人說話」,才能被接受、受歡迎。善於經營人脈的人通常可以在社交場合營造熱絡與

融洽的氛圍，讓參與其中的人感到開心、興奮，甚至情緒高昂，最重要的是對於主導氣氛營造的人產生特殊的好感與興趣，進入這樣的境界，就表示這場人脈經營已經有了好的開始。

　　商場上的人際交往基本上是一種資源交換，這種交換和市場上商品交換所遵循的原則是一樣的，每個人都期望在交往中獲得的多於所付出的。人際交往要有分際，初入社交圈的人常犯的錯誤就是單向式一頭熱，以為全力付出會讓關係更融洽緊密，殊不知，對正常人而言，接受別人過度的付出，反而造成心理上的負擔，為對方留一點餘地，是平衡人際關係的重要準則，「過度投資」會使對方承受壓力，終究想逃避關係！恰到好處，是一種分寸，也是一種藝術。向對方表示友好，不必過度熱情，表現對對方尊重，不必奉承阿諛、自我貶低。溝通高手，應該也是最能掌握人際關係「黏稠度」的高手！

溝通小 Tip

　　我們的道路不能一個人踽踽獨行！我們必須找到在我們職場道路上，可以幫助我們找到目標、達到目標的人。這些關鍵人物的才華、優點與經驗，可以彌補我們的缺點與生澀，因為他們可以幫助我們聚焦在我們的優點上，讓我們得以在學習曲線的頂端，建立個人的力量！

問題討論

1. 我覺得我是一個善於經營人脈的人嗎？我有哪些特質或資源是經營人脈的籌碼？

2. 我覺得職場人脈的經營重要嗎？缺乏人脈對職場發展有哪些影響？

Appendix

附錄

就業探索

當今的就業環境人才供需失衡問題相當嚴重，企業主苦於人才難覓，剛從學校畢業的社會新鮮人在企業主的眼中的評等，在性格方面：工作態度不佳、學習能力差、耐壓性差，以及不懂職場倫理；在專業方面：學用落差嚴重，學校所學習之知識與技能無法和企業之技術或專業需要銜接。因應人才失衡的困境，政府已積極研商，推動各項補救方案，包括產學合作、學生校外實習、產業學院、新聘教師必須具備實務經驗、教師赴企業研習、大學延聘業師等方案，期望能從多元管道與面向，提升學生的就業力以及提高教師實務能力，並藉由多項產學接軌計畫或方案之推動，讓學生提早與產業接觸、謀合，縮短彼此距離。雖然許多努力正在積極進行，但是人才培育是長期工作，就業市場的失衡問題絕非短期可以解決，所以，社會新鮮人甫踏入就業市場必須先做好心理預備，了解就業市場現況，以及產業與企業之觀點與需求，強化這些認知，知己知彼，想必有助於新鮮人職場的適應。另一方面，已經進入就業市場，面對產業轉型或是職場變數，而自願性或非自願性離職、等待轉職的人，也是面臨再就業機會與適應的問題。

以下僅彙整近期媒體批露之就業調查現況及人力供應統計相關資訊，提供社會新鮮人及轉職者參考，希望能協助了解現況，提高適應與因應。

一 競爭力在哪裡？

根據台灣就業通「2017 新鮮人職場競爭力大調查」報告，以下幾項重要結論值得參考：

1. 新鮮人職場 EQ 改善關鍵？超過 6 成企業首重抗壓性！

根據受訪企業過往僱用新鮮人的經驗，近 4 成 (38.71%) 企業針對新鮮人職場 EQ 給了「5 分以下」的不及格成績。究竟受訪企業認為新鮮人的職場 EQ 有哪些需要改進的地方？超過 6 成 (61.89%) 認為是「抗壓性低，挫折忍受度差」，其次為「愛抱怨，動不動就想要離職」(41.06%)，再次之為「不敬業」（如愛遲到、愛請假等）(39.98%)。

新鮮人剛步入職場遭遇挫折難免，應勇於面對問題，追根究柢、檢討缺失，找出自己真正的弱點及盲點，尋求改進及解套方案，抱怨與離職並不能解決問題，凡事以正向態度面對。建議新鮮人勇於接受挑戰與磨練，勿斤斤計較得失，秉持熱忱、扎實學習，展現高抗壓性。

2. 企業最不滿新鮮人「工作態度敷衍了事」

根據受訪企業過往聘用新鮮人的經驗，3 成 3 (32.51%) 企業對於新鮮人工作表現給了「5 分以下」的不及格成績。而新鮮人工作表現有哪些需要改進的地方？企業最忌諱的是「工作態度敷衍了事」(56.35%)，其次為「有問題不主動反應」(52.42%)，再次之為「學習態度差、被動、懶散」(45.46%)。

針對職場新鮮人從到職到能獨立作業的時間，高達 63.15% 受訪企業願意給「1～3 個月」，其次為「4～6 個月」(21.61%)，再次之為「1 個月以內」(10.19%)。而受訪企業建議新鮮人工作儘快上手的方式，高達 71.92% 會建議「問題適時尋求協助」，62.98% 受訪企業建議「勤作筆記，多花時間熟悉工作」，51.90% 認為「多向前輩學習交流」。

（資料來源：https://www.taiwanjobs.gov.tw/Internet/2017/Survey/Q2/index.html）

二 新鮮人自評：最需加強數位力及外語力

依據《Cheers 快樂工作人雜誌》2018 年 4 月號報導，新鮮人自評進入職場後需要的能力與特質中，普遍有信心的項目是「學習意願強，可塑性高」、「抗壓性及穩定性高」、「人際溝通與團隊合作能力」，最缺乏自信的是「具國際觀與外語能力」，頗弔詭的，在國際化、全球化發展多年的狀況下，社會新鮮人對於國際化能力其實最不具信心！參見圖 A1-1。

新鮮人自評：須加強數位及外語力

下列職場看重的工作態度，若以 1～10 分的強度自評（分數愈高代表能力愈好），你的自評分數是多少？

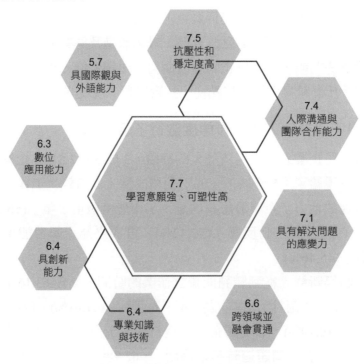

◎ 圖 A1-1　職場必備的能力與特質

三　職缺在哪裡？

　　根據 104 人力銀行 2018 年 4 月調查，新鮮人工作來自哪些產業與職缺？反應產業經營生態，餐飲、零售等民生消費產業仍為需求大宗，其次為熱度不減、各大電商崛起的軟體與網路相關業。年增幅則以電子零組件、半導體業以及醫療服務業成長動能最強。

　　職務表現呼應產業需求，以操作技術、門市營業、餐飲人員需求最多；成長動能強勁的多為含金量較高的熱門職缺，例如：工程研發類人員新鮮人平均月薪可達 4.1 萬元、經營幕僚人員平均月薪可達 3.5 萬元，比一般基礎職缺高出 7 千～ 1.5 萬元不等。

（資料來源：https://plus.104.com.tw/activity/1c327020-266e-438c-b87b-05333391f3d7）

項目	排名	產業	目前工作數（個）	年增幅
工作數 （需求大）	1	餐飲業	**45,559**	8.3%
	2	零售業	**37,410**	6.8%
	3	軟體及網路相關業	**19,484**	10.9%
年增幅 （成長強）	1	電子零組件相關業	12,301	**35.9%**
	2	半導體業	14,152	**15.0%**
	3	醫療服務業	12,625	**14.1%**

項目	排名	職務	目前工作數（個）	年增幅	平均月薪（元）
工作數 （需求大）	1	操作／技術類人員	**77,556**	21.2%	2.8 萬
	2	門市營業類人員	**51,437**	4.1%	2.8 萬
	3	餐飲類人員	**42,988**	11.1%	2.7 萬
年增幅 （成長強）	1	經營／幕僚類人員	10,965	**28.1%**	**3.5 萬**
	2	客戶服務類人員	14,994	**25.0%**	**2.8 萬**
	3	工程研發類人員	11,040	**22.6%**	**4.1 萬**

資料來源：104 人力銀行，資料時間：2018 年 4 月 30 日。

四 企業想要怎樣的人？

企業徵才時到底最在乎哪些條件，在初會面短暫的面談中，到底根據哪些判斷來取捨人才？

1. 年齡

多數職缺還是偏好年輕人，雖然企業仍然會有某些職缺需要有資歷的人才能勝任，但是通常他們期望找到的可能是 3 ～ 5 年相關工作資歷的應徵者，具備 20 年資歷的中高齡者，很難成為這些職缺考量的對象，主要原因：

(1) 中高齡者記憶力、體力，以及反應度通常不符要求，且會有明顯逐漸衰退現象，很難勝任工作之要求。

(2) 許多科技產業的老闆或中高階主管年齡相對較傳統型企業低，這些 40 ～ 45 歲左右的老闆與主管很難接受聘用一個年紀比他們高一截的部屬，除了在管理上有所疑慮，也擔心在公司形象上有所影響。

2. 資歷與工作經驗

觀察企業徵才啟示，大部分徵才的要求，無論哪種層級的職缺，通常企業要求的都是「有相關工作經驗」，這裡透露矛盾的訊息，企業偏好用年輕人，但是又期望這些年輕人具備相關工作經歷，在實務上有很大困難！對於具備多年資歷的轉職者，企業期望他們的資歷必須是與職缺所需之經驗要完全吻合或高度相關，這其中也隱約看到矛盾，高資歷的轉職者通常都是面臨原來任職的產業已經外移、消失或沒落，自然與所應徵之產業專業領域不同，也就是對於面臨轉跑道的求職者而言，很難帶著原有的資歷可以對準新職缺，順利轉職。

表 A1-1　企業對求職者的期待

對資深職務之期待	對資淺職務之期待
• 與徵才職務高度相關之工作經驗 • 服從性 • 團隊合作（與團隊成員之搭配性）	• 工作經驗（相關性之界定因公司而異） • 抗壓性 • 工作態度 • 職場倫理 • 學習能力

3. 性別

　　某些產業或某類型職缺仍然有未公開的性別偏好，尤其是屬於對外服務或推銷之業務，會根據所服務或推銷對象主要之性別，而徵選相對應性別之員工，例如：針對資訊電腦使用對象之銷售員，很可能會偏好年輕女性業務員。求職者先行分析產業屬性與顧客屬性，可以找到對自己較有利的點切入。

4. 學歷

　　近一、二十年來，隨著國民平均學歷的提高，就業市場徵才的學歷門檻也有提高現象，雖然仍有部分中小型傳產企業根據其作業現場職務之需要，可以看到以徵求專科以上學歷的職缺，包括：生管人員、品管人員（產品測試及售後服務）、維修工程師、機構工程師、採購人員、設計助理（Auto Cad 繪圖員）、區域銷售專員、設備客服工程師（售後服務）等職缺，但是由於目前國內學士、碩士比比皆是，所以很多小規模傳產型企業徵求業務員或設計人員、工程師的門檻，已經設定為學士學歷以上，這種因應國民整體平均學歷提高而呈現的現象，使得很多專科學歷的中高齡轉職者，在重新進入就業市場的時候，很有可能遇到學歷的挑戰。

5.「態度」是徵才最大取向

　　企業徵才通常在年齡、學經歷與性別之外，在徵才主管內心還有另一項凌駕在這些「有形條件」之上的「無形條件」，那就是「工作態度」與「學習態度」。許多企業主管表達徵才的主要考量，不是在對方的現有專業或能力，而在於是否有好的工作態度與主動學習態度，他們認為能力及專業不夠，只要有好的態度及主動學習的性格，終究可以藉由學習不斷精進，業務逐漸上手，提高對企業的貢獻度，這是企業最期待的「成功案例」；反之，有好的先備能力與知識，卻不遵循職場倫理，我行我素、不聽從指揮與管理，這種自我感覺良好、成天批評公司制度、系統的員工，通常給主管帶來最大困擾，因著這些負向性格的干擾，不僅個人的能力才華無法發揮，更嚴重的還會造成組織的混亂與傷害，成為「失敗案例」！從這些失敗案例得到的管理經驗，讓大多數主管寧願找能力中等、態度優等的員工，能力及態度雙料上等的員工可遇不可求。

五　謀職者自我提問

　　近年就業市場供需失衡的現象，同時造成求職端與徵才端的困惑與困擾，事求人與人求事搭配不起來，根據就業媒合的經驗，很多求職者在求職之前，並沒有釐清自己的專長、資歷，與所設定的求職目標之間，是否已有相當程度關聯性？求職者是否已做好心理建設，確定自己要找的是怎樣的工作，尤其是中高齡轉職者，是否對於自己的「東山再起」或「另起爐灶」，已經有很清楚的認知與覺悟？以下提供幾個實際的問題供求職者自我提問與檢視。

1.「職場新鮮人」自我檢視的問題

　◆ 我真的想找份適合我且能長期發展的工作？
　◆ 我不知道自己可以做什麼？該做什麼？

- ◆ 我對未來很茫然！
- ◆ 我只想快快工作，有收入。
- ◆ 我對就業很沒自信！
- ◆ 先找份目前可以做的工作，未來的事再說。

2.「職場老手」（中高齡轉職）自我檢視的問題

- ◆ 我想東山再起，找到事業第二春，好好再拼一回！
- ◆ 中年被迫轉職，我必定在能力或個性上有所不足，應該要深切反省，找到自己的罩門，設法突破！
- ◆ 中年轉職很惶恐不安！
- ◆ 經濟壓力大，只想趕快有收入，先求有再求好。
- ◆ 過去有不錯資歷與收入，對新工作的內容及薪資都有堅持。
- ◆ 轉職困難，先放下身段，找到新著力點，等待爬升機會。

六　再就業的障礙

　　就業市場供需失衡，加上景氣長期處於「寒冬」狀態，失業、轉職、再就業，讓很多職場人陷入經濟或情緒困境，「再就業」的難度提高，問題出在哪裡？是能力或專業跟不上產業環境的變動，還是個人職場性格與適應力無法融入就業市場？根據就業媒合的輔導經驗，觀察分析再就業者轉職受阻普遍呈現的問題簡述如下：

1. 不願意蹲或蹲得不夠低

　　中年轉職是人生重大關卡，被迫轉職通常意謂自己在專業、能力上跟不上產業發展的需要，或者是在競爭激烈的工作場域中，個人職場性格與商業溝通能力展現低適應力及應變力，以及缺乏人脈資產的支持與奧援，以致淪為職場或團隊邊緣人，當企業營運績效不佳，必須進行人力精簡或重組時成為犧牲品！遇到這樣的衝擊，應該痛定思痛，謙虛檢

視自己的問題，分析可以東山再起的機會，甚至必須再學習充電，儲備新專業、新技能，以及更有競爭力的商業溝通能力，秉持「先蹲後跳」的意念，放下身段，把過去自認豐富的資歷擺一邊，謙虛的向就業市場叩門，找到新的切入點後，再憑靠自己的努力與學習，等待爬升機會。

然而，很多中年再就業者始終無法找到自己可以接受的新切入點，再度跨進就業市場，主要的罩門在於「不願意蹲或蹲得不夠低」，無法忘情過去的資歷，同時也放不下原先的高薪，即使願意放下，也放得不夠低！例如：工作資歷近 20 年，失業前薪資水準已達 50 ～ 60K，這樣的族群很難接受新工作只提供 30 ～ 35K 的薪水！

2. 未認清就業市場現況

一直找不到新進入職場機會的失業者，可能也對產業現況及就業市場的變化缺乏認知，就業市場的人力需求隨著產業環境以及整體競爭力的變化，對職能的需求勢必也要做調整，機電背景可以在原工作場域存活 20 年，不表示靠著原有的專業與技能，可以在產業轉型的生態中，繼續存活 10 年；同樣的，資通訊高科技背景的人，也許享受過 10 ～ 15 年科技薪貴的殊榮，但面對消費者求新求變的訴求，以及產品生命週期快速的縮短，反應力及彈性不夠的人，很難繼續保有競爭力！

3. 沒勇氣學習新技能、接受新業務的挑戰

對於非自願性轉職的人，資歷愈高愈有可能要「轉很大」！被迫轉職很可能也意味著要轉業，原來的職能需求很有可能已經縮減，所以只能跨出原來的產業，向其他產業尋找職缺，若是遇到這樣的轉變，就必須要有清楚的認知與覺醒，接受一個期望薪資已經調降很多，並且還要快速學習新技能，才能符合新職能的要求。然而，很多中年轉職者面對這樣的調整很難自處！由於資歷的包袱以及年齡的限制，要再重新學習新技能與新商業溝通技法，讓他們很難承受！

先蹲後跳的轉職心法

1. 從 A 點放下身段，下定決心要轉職成功，衡量自己的條件與就業市場現況，找到最低的平衡點（B 點）。

2. 從 A 點調降薪資期望值到 B 點，接受新薪資，並且督促自己要快速學習新技能，符合新職能之要求。

3. 從 B 點展現拼搏的精神與旺盛學習力，將過去資歷所累積的功力與新技能融合包裝，展現亮麗的績效。

4. 爭取機會表現，逐步爬升到 C 點，重新找到屬於自己的新高點。

5. 轉職成功！攀上人生另一高峰！

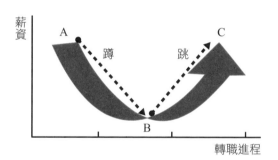

◎ 圖 A1-2　先蹲後跳的轉職歷程

白目的面談對話

🎋 應徵者素描

性　　別：■女　□男

婚姻狀態：□已婚　■未婚

年　　齡：■ 22-25 歲　□ 26-30 歲　□ 31-35 歲　□ 36-40 歲
　　　　　□ 41-45 歲　□ 46 歲以上

學　　歷：□學士　■碩士　□碩士以上

畢業科系：□一般科系　□熱門科系　■冷門科系

全職工作經驗：□有　■無

家中排行：老二

🎋 面談傳真

【狀況 1】

面談官：請簡單介紹家裡狀況！

應徵者：父母均已退休，姐姐念博士班，所以自己想賺點錢。

面談官：未來有進修計畫嗎？

應徵者：當然！就是因為想進修，又想用自己的錢進修，所以才找工作。

【狀況 2】

面談官：您現在待業中，平時沒上班幾點起床？

應徵者：睡到自然醒！

面談官：大約幾點自然醒？

應徵者：早則 10 點多，晚則 11、12 點。

【狀況 3】

面談官：您的應徵資料中「期待薪資」填 36,000 ～ 40,000 元，您自認有這
　　　　麼高的價值？

應徵者：是呀！

面談官：您了解當前就業市場行情嗎？

應徵者：我知道國科會計畫助理碩士級起薪 36,000 元左右。

面談官：但您現在應徵的工作不是國科會研究助理！研究助理的工作比我們現在招募的工作容易許多！

應徵者：不！研究助理的工作很難！

面談官：……？？？

【狀況 4】

（面談官見應徵者在面談過程一直穿戴毛線帽及休閒風大圍巾）

面談官：您很怕冷！

應徵者：沒錯！我之前在東部求學，那邊天氣較溫暖，回來北部 2 個月還沒適應，所以比較怕冷。而且等下面談結束後，我要跟爸媽去逛街！

✿ 面談觀測站

【狀況 1】

面談缺失：直接回答有進修計畫。

給面試官的觀感：可預期任職不久即離職進修，或是任職期間要兼顧進修的投考或準備，無法全心投入工作。

• 較有利的回答：目前的規劃是希望找份工作好好做。

【狀況 2】

面談缺失：直接回答平時睡到自然醒。

給面試官的觀感：慵懶、不積極的生活態度與性格，應該也會反映到任職後的態度。

• 較有利的回答：求職期間已經開始調適作息，很快能適應上班後的作息時間。

（續下頁）

【狀況 3】

面談缺失：對於預期薪資的回應。

給面試官的觀感：過度自信，可能隱藏過度自我的性格。

- 較有利的回答：尊重公司的薪資制度，會努力展現自己的價值。

【狀況 4】

面談缺失：怕冷，從東部回台北 2 個月還沒適應氣候；面談後要跟父母去逛街……。

給面試官的觀感：適應力差，也可能長期在東部求學，很難適應北部環境，任職後可能出現差勤及身體狀況的問題；面談前已安排逛街行程，顯示對面談重視度不高，似乎也把面談當作閒逛的一站！

- 較有利的回答：因為最近在找工作，天氣寒冷且不穩定，為避免受寒生病，影響求職，所以穿得比較厚重，請見諒！

2 逆境商數(AQ)

逆境商數 (Adversity Quotient, AQ) 指的是一個人挫折忍受力，以及面對逆境的處理能力。職場生涯不可能一帆風順，挫折無可避免，總有可能遇到逆境。面對逆境如何自處，與自己對話，是否能以正面的態度面對逆境，讓自己由剝而復、柳暗花明又一村！如果無法面對，必然被挫折打敗，讓自己處於劣勢，甚至一蹶不振，淪為職場輸家！逆境處理專家保羅‧史托茲博士主張，一個人 AQ 愈高，愈能以「彈性」面對逆境、積極樂觀、接受挑戰、發揮創意、找出解決方案；AQ 低的人，容易沮喪、迷失、處處抱怨、逃避挑戰、缺乏創意、往往半途而廢、自暴自棄，終究一事無成！

　　挫折、逆境臨到，處於情緒低潮的人是否問問自己：

- ◆ 現在的公司制度不好，下一個公司的體制多半也有缺陷！
- ◆ 現在的公司不公平，誰能擔保新公司一切合理公道？
- ◆ 現在的公司有派系，天知道多少公司明爭暗鬥？
- ◆ 跟現在主管處不好，新工作主管就一定好相處？

　　提高逆境商數應該有的心態：

1. 凡事不抱怨，只解決問題

- ◆ 抱怨過後，心情更加沮喪，而問題依舊無解！
- ◆ 少一分時間抱怨，就多一分時間進步。

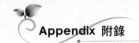

2. 先看優點，再看缺點

◆ 在挫折中找優勢，並把它轉化成進步的助力。

◆ 自怨自艾解決不了問題，懂得在逆境中找機會，才是高 AQ 的精彩表現。

3. 塞翁失馬，焉知非福

◆ 看待挫敗，AQ 高手明白，一時的成敗不能定一生。

◆ 一扇門被關，可以再打開另一扇門。

◆ 很多高成就的人都是因為遭遇挫敗，才有機會東山再起，開創新局。

參考文獻

1. David C. Thomas & Kerr Inkson 合著，吳書榆譯 (2013)，《CQ 文化智商：全球化的人生、跨文化的職場 —— 在地球村生活與工作的關鍵能力》，台北：經濟新潮社。

2. Jerry D. Twentier 著，邵巧然譯 (2003)，《讚美的力量：把話說到心坎裡》，台北：海鴿文化。

3. 戴爾遜 (2009)，《一切靠關係決定》，台北：思高文化。

4. 溫玲玉 (2010)，《商業溝通：專業與效率的表達》，台北：前程文化。

5. Kevin Hall 著，趙丕慧譯 (2011)，《改變的力量：決定你一生的 11 個關鍵字》，台北：平安文化。

6. 上旗編輯部 (1999)，《衣世代穿衣美學手冊》，台北：上旗文化。

7. Nick Bilton (January 2014), E-mail Euette Rant, *Reader's Digest*, p. 48.

8. 徐重仁、徐安昇口述，王家英著 (2013)，《夢想的修練：徐重仁、徐安昇父子的創業筆記》，台北：天下文化。

9. 台灣就業通 (2017)，〈2017 新鮮人職場競爭力大調查〉，取自 https://www.taiwanjobs.gov.tw/Internet/2017/Survey/Q2/index.html。

10. 104 職涯社群（2018 年 5 月 2 日），〈4 成 2 企業優先僱用新鮮人〉，取自 https://plus.104.com.tw/activity/1c327020-266e-438c-b87b-05333391f3d7。

11. 《Cheers 快樂工作人雜誌》，2018 年 4 月號，p. 60。

12. *Harvard Business Review* (March-April 2017), p. 55.

視野無界・心智無限
Open Your Eyes, Stretch Your Mind.

商業溝通
正向溝通，職能 UP！

作　　者：周春芳

發 行 人：吳昭慧
責任編輯：徐立淇
版面編輯：黃美汶
封面設計：楊舒雅
出 版 者：華泰文化事業股份有限公司
地　　址：台北市 11494 內湖區新湖二路 201 號
電　　話：(02)2162-1217
傳　　真：(02)8791-0757
網　　址：www.hwatai.com.tw
E‑Mail：business@hwatai.com.tw

登 記 證：行政院新聞局局版北市業字第 282 號
出　　版：西元 2019 年 1 月　二版
I S B N：978-986-96871-3-3

華泰文化
HWA TAI PUBLISHING
since 1974

國家圖書館出版品預行編目資料

商業溝通：正向溝通，職能 UP！／周春芳著. -- 二版. --
　臺北市：華泰，2019.01
　　面；　　公分
　　ISBN 978-986-96871-3-3（平裝）
　　1.商務傳播　2.溝通技巧　3.職場成功法
494.2　　　　　　　　　　　　　　　　　　107019987

open

your eyes, stretch your mind

open your eyes, stretch your mind